Fotografía de la derecha: *Gonphocarpus fruticosus y Danaus plexippus,* arroyo de Calamocarro de Ceuta.

PLANTAS INVASORAS TERRESTRES DE LA CUENCA DEL ARROYO DE CALAMOCARRO, SITUADA EN EL LIC-ZEPA DE CALAMOCARRO-BENZÚ DE CEUTA

AMENAZAS Y MEDIDAS DE GESTIÓN PARA LA RESTAURACIÓN ECOLÓGICA DEL MEDIO

Rocío de Torre Ceijas
Cristina Fernández Aragón
Daniela Gaspar Garcia de Matos

INSTITUTO DE ESTUDIOS CEUTÍES
CEUTA 2024

Colección *Trabajos de Investigación*

Ciencias

El contenido de esta publicación procede de la Beca concedida por el Instituto de Estudios Ceutíes, perteneciente a la Convocatoria de Investigación de 2017.

© EDITA: INSTITUTO DE ESTUDIOS CEUTÍES
Apartado de correos 593 • 51080 Ceuta
Tel.: + 34 - 956 51 0017
E-mail: iec@ieceuties.org
www.ieceuties.org

Comité editorial:
Carlos Pérez Marín • José Luis Ruiz García
Adolfo Hernández Lafuente • María José Fernández Maqueira
Guadalupe Romero Sánchez • María Jesús Fuentes García

Jefa de publicaciones:
María Teresa Cuesta Chaparro

Diseño y maquetación:
Enrique Gómez Barceló

Realización e impresión:
Imprenta Olimpia S.C.

ISBN: 978-84-18642-43-2
Depósito Legal: CE 42 - 2023

ÍNDICE

PLANTAS INVASORAS TERRESTRES DE LA CUENCA DEL ARROYO DE CALAMOCARRO, SITUADA EN EL LIC-ZEPA DE CALAMOCARRO-BENZÚ DE CEUTA

AMENAZAS Y MEDIDAS DE GESTIÓN PARA LA RESTAURACIÓN ECOLÓGICA DEL MEDIO

Referencia sugerida: de Torre-Ceijas, R, Fernandez-Aragón, C, Matos, DGG. 2023. Plantas invasoras terrestres de la cuenca del arroyo de Calamocarro, situada en el LIC-ZEPA de Calamocarro-Benzú de Ceuta. Amenazas y medidas de gestión para la restauración ecológica del medio. Instituto de Estudios Ceutíes.

Autoras

Rocío de Torre Ceijas es Doctora Internacional en Ecología, experta en Restauración de ecosistemas y conectividad. Actualmente trabaja en la Universidad de Zaragoza contratada por un proyecto europeo y es profesora invitada en el Máster de formación del profesorado de la Universidad a Distancia de Madrid (UDIMA).
URL: www.linkedin.com/in/rociodtc

Cristina Fernández Aragón es Doctora en Ecología, experta en Biología vegetal y en Ecología de especies invasoras. Actualmente es personal docente e investigador de la Universidad a Distancia de Madrid (UDIMA).
URL: www.linkedin.com/in/cristina-fernandez-aragon

Daniela Gaspar Garcia de Matos es Doctora en Biología (Ecología Aplicada) y experta en Aplicación de S.I.G. a la gestión ambiental del territorio. Actualmente trabaja en Tragsatec dando apoyo al MITECO como experta en proyectos de conectividad ecológica y fragmentación de hábitats.
URL:www.linkedin.com/in/daniela-gaspar-garcia-de-matos

Agradecimientos

Este estudio ha sido financiado mediante la Ayuda a la Investigación concedida por el Instituto de Estudios Ceutíes tal y como recoge el B.O.C.CE nº 5.677 del 12 de mayo de 2017, que contempla la duración de un año para la realización del trabajo.

Agradecemos a Lucas de Torre Caliani su apoyo logístico incondicional e imprescindible para la ejecución de la investigación. Igualmente agradecemos a Daniel Martín Collado su ayuda en labores de muestreo, a María Dolores Martín Artacho por el préstamo desinteresado de material y a Miguel Ángel Casado González por la identificación de una de las especies.

INTRODUCCIÓN

El fenómeno de las invasiones biológicas, entendido como la llegada y establecimiento de especies a un nuevo territorio que conlleva efectos negativos en las comunidades y ecosistemas receptores, está dificultando nuestra capacidad para predecir cuál será el estado de los ecosistemas naturales en las próximas décadas. Las "especies exóticas invasoras" se definen como aquellas procedentes de regiones remotas que han sido capaces de establecerse en el medio natural y formar poblaciones viables, expandirse y alterar los ecosistemas invadidos (Richardson et al. 2000; Vilà et al. 2008). Es bien sabido que las especies exóticas invasoras pueden competir con las especies nativas, alterar los hábitats, cambiar el régimen de perturbaciones, alterar los patrones de biodiversidad de las comunidades o inducir cambios a largo plazo en la estructura y funcionamiento de los ecosistemas nativos (Vitousek y Walker, 1989; Parker et al, 1999; Mack et al, 2000; Vilà, 2001, Vilá et al, 2011, Castro et al, 2014). En el caso de las plantas invasoras, se ha comprobado que pueden alterar la producción primaria, los ciclos de agua y nutrientes, el secuestro de carbono, el régimen de incendios o los valores estéticos de los ecosistemas (Vilà et al, 2010; Le Maitre et al, 2011; Dodet y Collet, 2012). El impacto causado por las especies invasoras no se limita al medio ambiente sino que también tiene grandes consecuencias sobre la economía, la sociedad y la salud pública (Andreu y Vilà, 2007). Las invasiones biológicas constituyen un relevante elemento del cambio global y una amenaza importante para la conservación de la biodiversidad y de los ecosistemas naturales (Vitousek et al, 1997, Aragón, 2014).

En este contexto, la restauración ecológica ha sido reconocida por múltiples sectores como una herramienta fundamental para minimizar las amenazas y revertir la degradación generalizada de los ecosistemas, contribuyendo a reponer el capital natural y garantizar el suministro de bienes y servicios ecosistémicos para su disfrute y aprovechamiento a medio y largo plazo (TEEB, 2010). La restauración ecológica consiste en el proceso de asistencia para la recuperación de ecosistemas que han sido degradados, dañados o destruidos, como medio de mantener la resiliencia y conservar la biodiversidad de los mismos (SER, 2004, Convention on Biological Conservation, 2011). Existe un amplio consenso en que ya no es posible mantener la biodiversidad dentro de unos niveles deseados exclusivamente mediante la conservación selectiva de zonas prioritarias, es además necesario establecer programas que restablezcan la salud de los ecosistemas.

Los ecosistemas restaurados y no degradados proporcionan bienestar social a través de los servicios ecosistémicos que suministran. En primer lugar, los ecosistemas proporcionan bienes y servicios directos (agua, alimentos y energía) que cubren las necesidades básicas de los seres humanos. Además, los ecosistemas a través de los procesos ecológicos regulan los ciclos naturales biogeoquímicos (agua, carbono, nitrógeno, fósforo, etc.) y minimizan los efectos de las catástrofes naturales. Todos estos bienes y servicios tienen un valor económico o de mercado. Asimismo, contribuyen al enriquecimiento físico y mental de las personas, además de jugar un papel clave como recursos recreacionales y educacionales.

Entre los objetivos de la restauración ecológica se encuentra la reducción, erradicación o control de las especies invasoras, para mejorar el funcionamiento del ecosistema, abordando la problemática desde una perspectiva holística que considere la dimensión biológica, social y económica del conjunto de soluciones posibles. Para ello, es fundamental conocer el grado de establecimiento de las especies invasoras en nuestros ecosistemas y los efectos adversos que podrían derivarse de su expansión para poder plantear estrategias y medidas adecuadas de gestión y restauración ecológica (Balaguer, 2004). Por otro lado, debido a que los recursos económicos para abordar la problemática de las especies invasoras son insuficientes, es necesaria una aproximación eficaz para obtener información sobre qué especies y en qué situaciones los impactos son más graves, prestando una especial atención en espacios naturales protegidos de alto valor ecológico, con el fin de priorizar las intervenciones (Castro-Díez et al., 2015).

En Europa se estima que existen unas 12.000 especies exóticas, de las cuales alrededor de un 15% se consideran invasoras (European-Environmental-Agency 2012; European-Commission 2014). En el caso de España, el RD 630/2013 recoge 66 especies de plantas vasculares exóticas consideradas invasoras, aunque probablemente existan muchas más, como sugiere el "listado de especies potencialmente invasoras" del derogado RD 1628/2011. En el caso de Ceuta, no existen registros para esta localidad en el Atlas de las plantas alóctonas invasoras en España (Sanz-Elorza et al., 2004). No obstante, existen listados provisionales de especies invasoras para el LIC-ZEPA Calamocarro-Benzú (Plan de Gestión del LIC-ZEPA Calamocarro-Benzú, documento preliminar).

Respecto al marco legislativo, Ceuta carece de normativa específica de especies invasoras. Sin embargo, hay constancia de que desde los órganos de gobierno competentes se están gestionado al menos 4 especies invasoras (Andreu y Vilà,

2007) y que se han llevado a cabo proyectos de erradicación de especies vegetales exóticas invasoras en espacios integrados de la Red Natura 2000 como el de la zona de Los Hornillos o el de los acantilados próximos al castillo del Desnarigado, aunque las especies invasoras parecen prevalecer (Figura 1).

Figura 1. (1) Proyecto de erradicación de especies invasoras, como por ejemplo *Acacia dealbata,* en la zona de Los Hornillos (Foto: Rocío de Torre Ceijas) **(2)** Acantilados cercanos al castillo del Desnarigado donde se observan zonas afectadas por especies invasoras como *Carpobrotus* sp. y *Agave* sp. (Foto: Lucas de Torre Ceijas).

En la misma línea de actuaciones, para la ejecución del Plan de Gestión del LIC-ZEPA Calamocarro-Benzú del Lugar de Importancia Comunitaria-Zona de Especial Protección de Aves (LIC-ZEPA) Calamocarro - Benzú de Ceuta, se han contemplado varias partidas presupuestarias destinadas a la gestión de especies invasoras y a la restauración del terreno. Cabe destacar la gran importancia de este espacio protegido de la Red Natura 2000 para la biodiversidad, en especial, para las aves, pero también su papel como recurso recreativo para el uso y disfrute de la ciudadanía. En la actualidad, entre las principales amenazas detectadas que se producen en el ámbito Calamocarro - Benzú se encuentran: los procesos erosivos y la pérdida de suelo, la degradación de la cobertura vegetal, el riesgo de incendios y plagas y la presencia de especies exóticas invasoras. Por ello, el área de estudio seleccionada para este trabajo de investigación sobre especies invasoras se localiza en la cuenca del arroyo de Calamocarro. Por un lado, al pertenecer a un espacio protegido de la Red Natura 2000, es incuestionable su elevado valor ecológico y a la vez tiene un gran interés como recurso recreativo, ya que cuenta con una red de senderos utilizado por excursionistas y aficionados a la naturaleza. Por otro lado, el potencial de invasión de algunas especies exóticas detectadas (como por ejemplo *Ailanthus altissima* y *Agave* sp.) y las futuras inversiones que se realizarán en el terreno al amparo del Plan de Gestión del LIC-ZEPA Calamocarro-Benzú, convierten a este área en un escenario ideal para el estudio de especies de plantas invasoras terrestres. Toda la información generada en el proyecto en forma de datos, cartografía digital de las especies invasoras, mapas y modelos de potencialidad de invasión de las especies utilizando análisis estadísticos avanzados y análisis espaciales mediante Sistemas de Información Geográfica, es de gran interés científico-técnico.

Objetivos

Los objetivos planteados en este proyecto de investigación se resumen en:

- Realizar un catálogo de las especies de plantas invasoras terrestres y las potenciales amenazas de las mismas para la biodiversidad en las distintas zonas ecológicas de la cuenca del arroyo de Calamocarro situado dentro de los límites del LIC-ZEPA de Calamocarro-Benzú de la Ciudad Autónoma de Ceuta.

- Desarrollar una cartografía de la distribución de las especies de plantas invasoras terrestres detectadas en el área de estudio y modelizar la probabilidad de invasión de aquellas plantas definidas como invasoras mediante análisis espaciales utilizando Sistemas de Información Geográfica.

- Proponer las mejores técnicas disponibles para la erradicación y control de las plantas invasoras presentes y las medidas más adecuadas para la restauración ecológica de los ecosistemas.

- Elaborar una memoria final con toda la información generada en el proyecto.

METODOLOGÍA

Área de estudio

El área de estudio, la cuenca del arroyo de Calamocarro, ocupa 131,64 hectáreas dentro del LIC-ZEPA Calamocarro-Benzú en la Ciudad de Ceuta, lo que supone 21,87% de la superficie total de este espacio protegido (Figura 2).

Ceuta cuenta con dos Lugares de Importancia Comunitaria (LIC) y una Zona de Especial Conservación para las Aves (ZEPA), que fueron propuestos en 1999 para formar parte de la Red Natura 2000 (Figura 2A). El LIC-ZEPA de Calamocarro-Benzú cuenta con una extensión de 601,82 hectáreas. En este espacio protegido encontramos algunos de los hábitats recogidos en el Anexo I de la Directiva 92/43/CEE, además de un elevado número de taxones endémicos, entre los que destacan elementos exclusivamente norteafricanos. A todo este valor ecológico se suma la enorme importancia ornítica de la zona, especialmente durante los flujos migratorios. En determinadas zonas encontramos manchas de matorral mediterráneo relativamente bien conservadas, donde aparecen alcornoques (*Quercus suber*) dispersos, con aparente regeneración (Formulario de Datos NATURA 2000). No obstante, casi el 50% de la superficie del LIC-ZEPA está ocupada por monocultivos forestales, de la cual una tercera parte está compuesta por pinares, en los que domina el pino piñonero (*Pinus pinea*).

La configuración geológica del espacio protegido es compleja. Los materiales geológicos mayoritarios son las filitas color de humo, perteneciente a la Unidad de Beni-Mesala y las calizas alabeadas del Devónico, del Grupo del Sinclinal Hadú-Fnideq. Intercaladas entre las citadas filitas aparecen barras de cuarcitas, responsables de los resaltes topográficos del lugar. Además, aparecen esquistos y grauvacas grises pertenecientes a la Unidad del Fuerte de Isabel II (Chamorro y Nieto, 1989).

Los arroyos incluidos en el LIC-ZEPA Calamocarro-Benzú presentan un caudal discontinuo, en función de las estaciones, con un cauce de anchura media menor a 5 m. Por su parte, los barrancos desaguan la precipitación procedente del periodo húmedo y tienen su origen en el proceso erosivo ocasionado por el agua que circula por las vertientes abruptas con pendientes muy acusadas (entre el 20 y el 50 %). Uno de los cauces más representativos que vierten sus aguas en la costa norte es el Barranco de Calamocarro, donde se localiza el área de estudio (Plan de Gestión del LIC-ZEPA Calamocarro-Benzú, 2018).

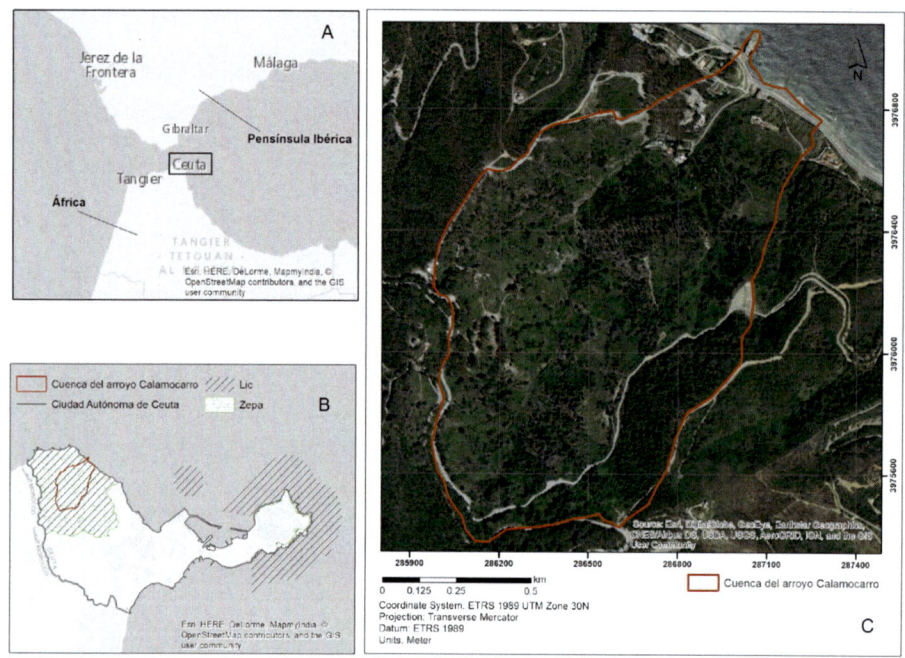

Figura 2. Mapas de localización del área de estudio: **A)** Localización de Ceuta; **B)** Mapa de las áreas con figura de protección de LIC y ZEPA de Ceuta; **C)** Mapa de la cuenca del arroyo de Calamocarro delimitado como área de estudio del proyecto.

Muestreo

En primer lugar, se realizó una zonificación del área de estudio identificando las zonas con características ecológicas similares. Estas zonas fueron digitalizadas sobre las ortofotografías aéreas más recientes disponibles en el Instituto Geográfico Nacional e integrando la información recogida en visitas al terreno.

Se establecieron 6 grandes zonas ecológicas (Figura 3):

1. El arroyo de Calamocarro y sus riberas (6 m a cada lado). La vegetación que forma parte de las riberas está compuesta principalmente por sauces

Figura 3. Fotografías de las 6 grandes zonas ecológicas identificadas en la zona de estudio: 1) Arroyo de Calamocarro y sus riberas, 2) Laderas al Este del cauce, 3) Laderas al Oeste del cauce, 4) Antiguas explotaciones agrícolas, 5) Eucaliptal y 6) Zona de la desembocadura del arroyo.

(*Salix* sp.) y adelfas (*Nerium oleander*). También es frecuente la presencia de la caña (*Arundo donax)* a lo largo del cauce del arroyo. Dentro de esta zona hacemos una diferenciación de la cabecera del arroyo al tener características ambientales que la hacen muy diferente como por ejemplo la pendiente acusada.

2. Laderas al este del cauce. Estas laderas presentan un mejor estado de conservación y están constituidas por manchas de alcornoques (*Quer-*

cus suber) más o menos dispersos y acompañados de diversas especies propias de los ecosistemas mediterráneos.

3. Laderas al oeste del cauce. Estas laderas se encuentran altamente degradadas, afectadas por la erosión y la vegetación principal, la constituyen matorrales y vegetación arbórea dispersa. Se ha detectado la presencia de especies invasoras como el *Agave* sp. y el ailanto (*Ailanthus altissima*).

4. Zona de antiguas explotaciones agrícolas. Al este del cauce aparecen vestigios de zonas de huertas abandonadas y árboles frutales, donde décadas atrás se localizaron granjas porcinas y avícolas.

5. Eucaliptal. Plantación madura de eucaliptos situados al este y oeste del cauce, donde el suelo muestra fuertes signos de erosión.

6. Zona de la desembocadura del arroyo. Esta zona está altamente transformada y urbanizada, y en gran parte el cauce está colonizado por la caña (*Arundo donax*).

Los muestreos se realizaron principalmente en el verano de 2018 para asegurarnos de que todas las especies presentaban flores/frutos que permitieran su correcta identificación. Se realizaron muestreos para recoger datos de diferente naturaleza. Por un lado, realizamos (a) una prospección exhaustiva de todo el territorio en la que se registraron todas las especies exóticas invasoras o potencialmente invasoras presentes en la cuenca del arroyo de Calamocarro, así como de las características de los ejemplares encontrados (ejemplares aislados, rodales con reclutamiento de nuevas plántulas, etc). Dada la abundancia de especies encontradas y las dimensiones de las poblaciones de algunas de ellas, no fue posible georreferenciar a detalle todas las especies e individuos localizados, pero sí se realizó (b) un muestreo intensivo en dos especies que consideramos relevantes bien por su potencial invasor (*Ailanthus altissima*) o por su novedad y capacidad de reclutamiento (*Asclepias curassavica*), en el que se georreferenciaron todos los individuos detectados. Por último, y para estimar la abundancia relativa de cada especie exótica invasora dentro de cada zona ecológica, se realizó (c) un muestreo estratificado con un total de 93 parcelas (de 2x10 metros) en las que se estimó de forma visual la cobertura vegetal total y la cobertura ocupada por cada una de las especies invasoras. Esta estimación visual de la cobertura la llevaron a cabo siempre las dos mismas personas durante todo el muestreo (Figura 4).

En este muestreo estratificado, en primera instancia se establecieron las parcelas de forma aleatoria. Para ello, haciendo uso de la cartografía digital, se superpusieron a cada uno de los polígonos que constituyen las zonas ecológicas

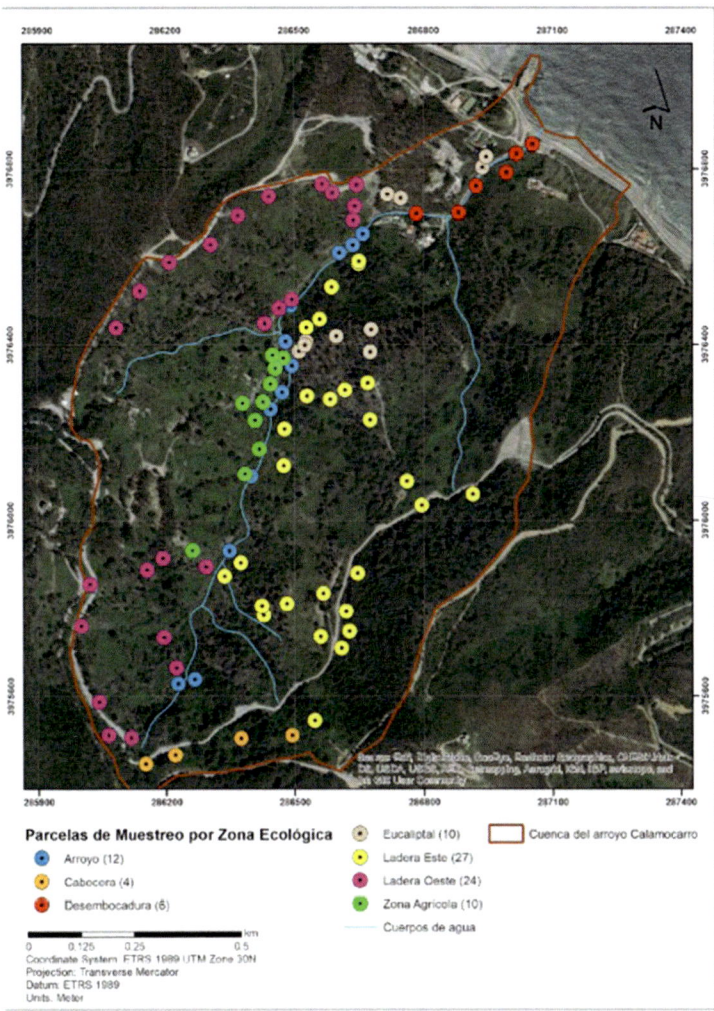

Figura 4. Localización y número de las parcelas de muestreo por cada zona muestreada en la cuenca del arroyo de Calamocarro.

una malla de 1x1 m con las celdas numeradas y se seleccionaron aleatoriamente números donde se colocaron uno de los vértices de las parcelas. Cuando el acceso a una parcela seleccionada no fue posible, dada la complicada orografía del terreno con elevadas pendientes o por la imposibilidad de acceso (terreno completamente cerrado por la vegetación, como por ejemplo por arbustos espinosos del género *Rubus* sp.) se seleccionó una parcela en el terreno más cercano y disponible al punto seleccionado originalmente. Las parcelas se colocaron con uno de los vértices en el centro de la celda y la mayor longitud de 10 metros paralcla a la pendiente, para evitar cambios en la vegetación debidos a microgradientes altitudinales de acuerdo con el esquema de la Figura 5.

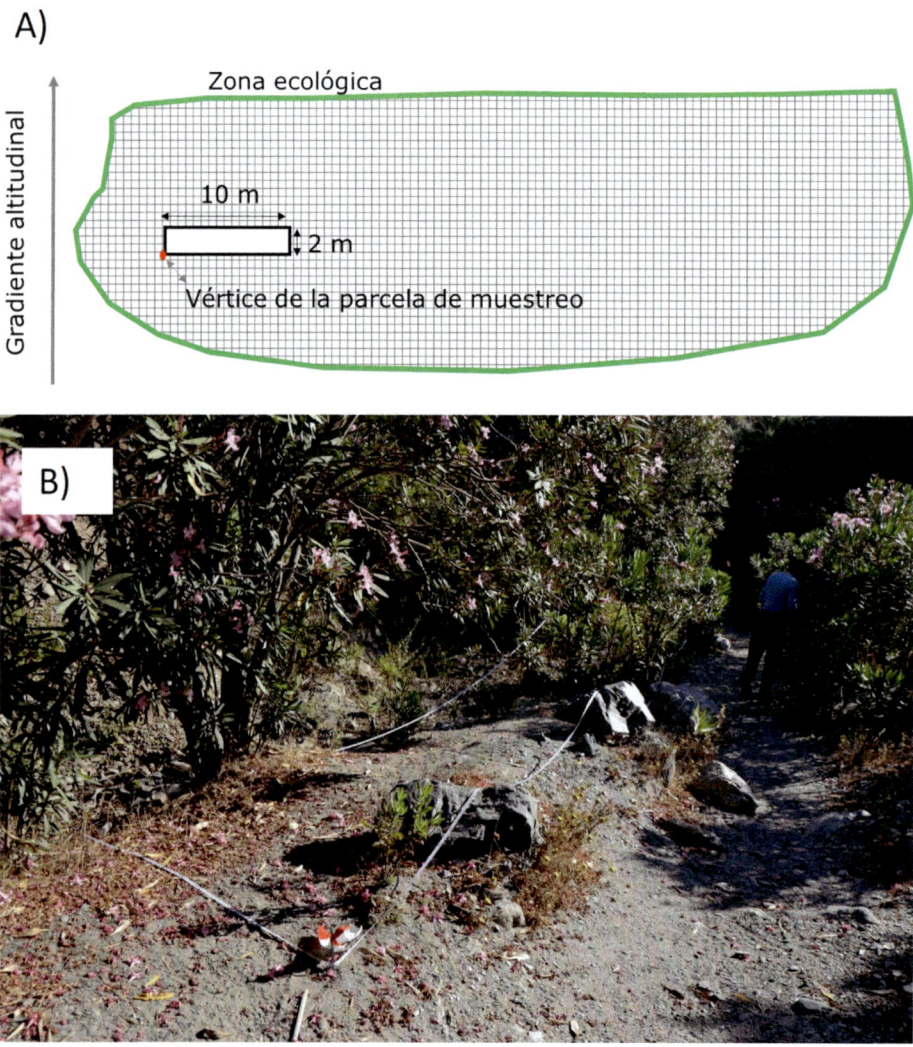

Figura 5. A) Esquema de la posición de las parcelas de muestreo paralelas a la pendiente dentro de cada uno de los polígonos que constituyen las zonas ecológicas. **B)** Fotografía del establecimiento de parcelas durante el muestreo.

Análisis de datos

Se han calculado **modelos de distribución potencial** para las 2 especies que se muestrearon de forma exhaustiva, *Asclepias curassavica* y *Ailanthus altissima,* de quienes se georreferenciaron todos los individuos y rodales detectados. Estos modelos nos informan sobre las áreas que tienen mayor probabilidad de ser colonizadas por estas especies. Para el cálculo de estos modelos se ha analizado la relación entre la presencia de *A. curassavica* y *A. altissima* con 7 variables ambientales y/o antrópicas: altitud, pendiente, orientación, distancia a caminos, distancia a ríos, usos del suelo y distancia a edificaciones (ver Figuras 6 y 7).

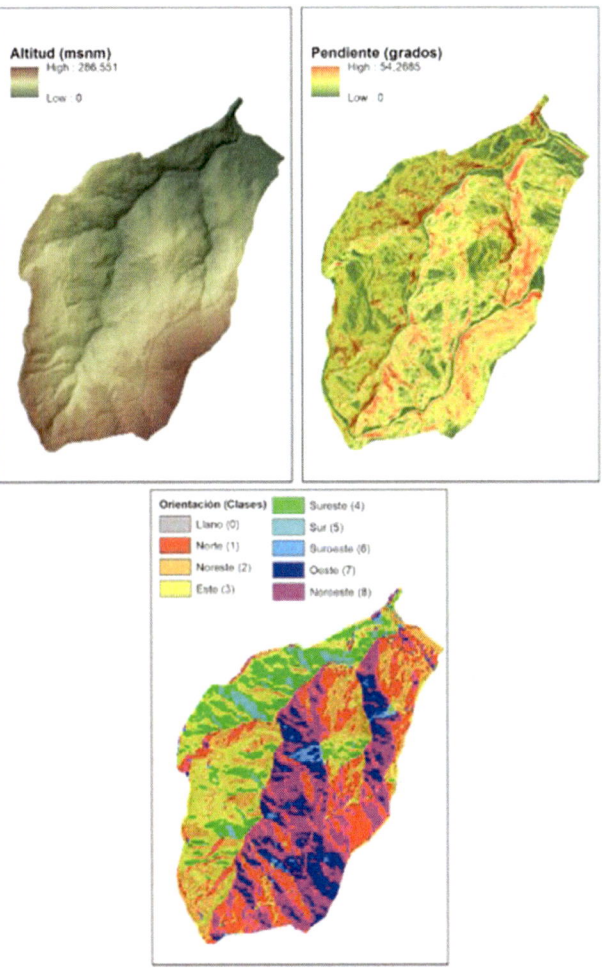

Figura 6. Mapas de las variables geomorfológicas utilizadas en la modelización de la distribución potencial de *Asclepias curassavica* y *Ailanthus altissima.*

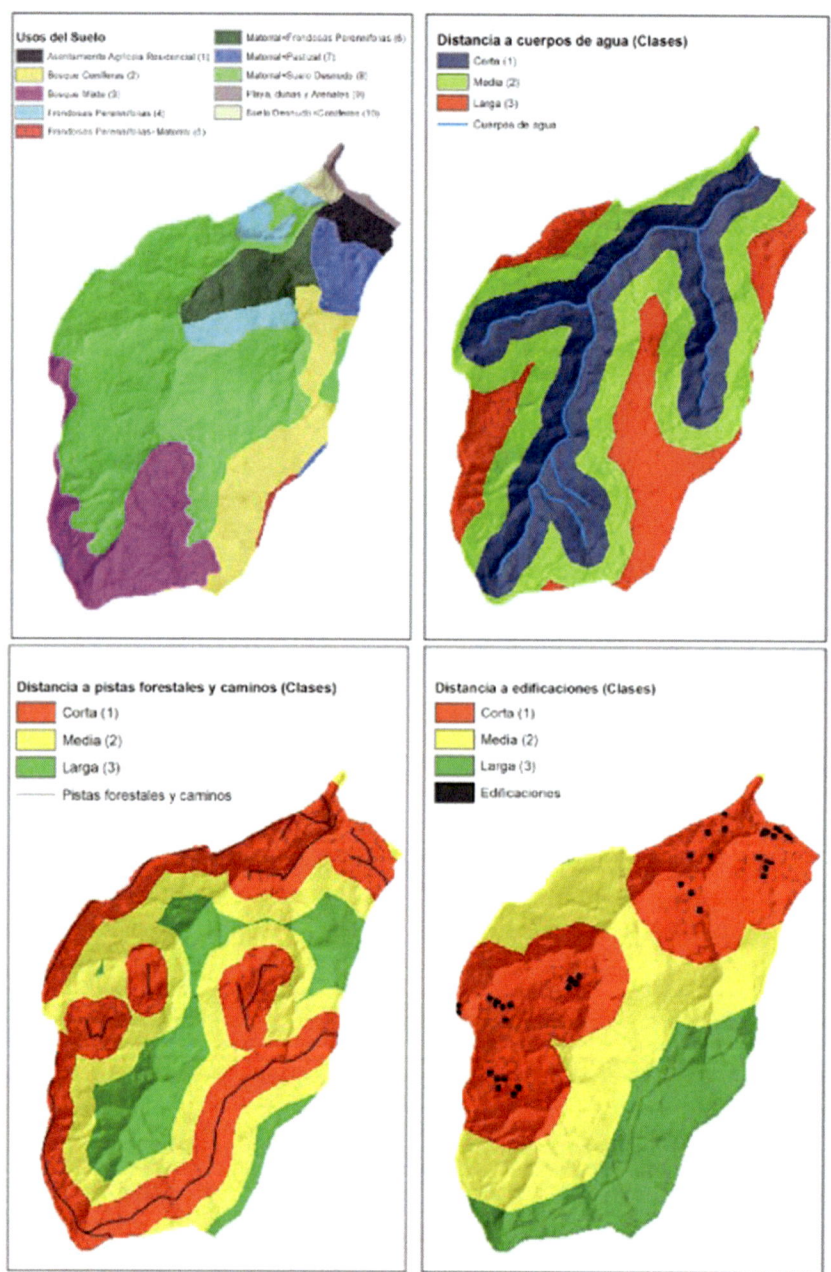

Figura 7. Mapas de las variables Usos del suelo, Distancia a cuerpos de agua, Distancia a caminos y Distancia a edificaciones utilizadas en la modelización de la distribución potencial de *Asclepias curassavica* y *Ailanthus altissima*.

Descripción de las variables

Altitud. Obtenida a partir del Modelo Digital de Elevación (MDE) con una resolución de 5 m. La información fue descargada del Portal Web del Instituto Geográfico Nacional (IGN).

Pendiente. Obtenida a partir del MDE.

Orientación. Obtenida a partir del MDE y reclasificada en 8 grupos como se muestra en la siguiente tabla.

Ángulo	Código	Orientación
-1 - -0.000001	0	Llana
-0.000001 - 22.5	1	Norte
22.5 - 67.5	2	Noreste
67.5 - 112.5	3	Este
112.5 - 157.5	4	Sureste
157.5 - 202.5	5	Sur
202.5 - 247.5	6	Suroeste
247.5 - 292.5	7	Oeste
292.5 - 337.5	8	Noroeste
337.5 - 360	1	Norte

Usos del suelo. Obtenidos a partir de la reclasificación de los grupos del Sistema de Información sobre Ocupación del Suelo de España (SIOSE 2011). La información fue descargada del IGN.

Reclasificación	Código
Asentamiento Agrícola Residencial	1
Bosque Coníferas	2
Bosque Mixto	3
Frondosas Perennifolias	4
Frondosas Perennifolias+Matorral	5
Matorral+Frondosas Perennifolias	6
Matorral+Pastizal	7
Matorral+Suelo Desnudo	8
Playa, dunas y Arenales	9
Suelo Desnudo+Coníferas	10

Distancia a cuerpos de agua. Calculada en base al MDE y a la capa de cuerpos de agua obtenida a partir del Mapa Topográfico 1:25.000. Una vez generado el mapa de distancia a cuerpos de agua, este fue reclasificado en tres clases. Tanto el MDE como el Mapa Topográfico fueron descargados del IGN.

Distancia (m)	Código	Clase
0 - 85.17	1	Baja
85.17 - 179.50	2	Media
179.50 - 366.63	3	Alta

Distancia a caminos y pistas forestales. Calculada en base al MDE y a la capa de pistas forestales y caminos obtenida a partir del Mapa Topográfico 1:25.000, así como de la digitalización en base al mapa base "imágenes" del ArcMap 10.4. Una vez generado el mapa de distancia a caminos y pistas forestales, este fue reclasificado en tres clases. Tanto el MDE como el Mapa Topográfico fueron descargados del IGN.

Distancia (m)	Código	Clase
0 - 76.16	1	Baja
76.16 - 162.99	2	Media
162.99 - 319.57	3	Alta

Distancia edificaciones. Calculada en base al MDE y a la capa de edificaciones obtenida a partir del Mapa Topográfico 1:25.000. Una vez generado el mapa de distancia a edificaciones, este fue reclasificado en tres clases. Tanto el MDE como el Mapa Topográfico fueron descargados del IGN.

Distancia (m)	Código	Clase
0 - 194.78	1	Baja
194.78 - 423.90	2	Media
423.90 - 746.84	3	Alta

La elección del método para la modelización de la distribución de una especie es una decisión esencial, visto que condiciona la calidad de los resultados. En este estudio se ha usado el enfoque Máxima Entropía - MAXENT (Phillips y Dudík, 2008) como método general ampliamente utilizado (Felicísimo et al, 2012; West et al, 2016; DellaSala et al, 2018; Thapa et al, 2018) para calcular los modelos y predecir el potencial de distribución de las dos especies georreferenciadas. Esta aproximación reúne tres propiedades que la han convertido en un método idóneo para la realización de este trabajo: genera resultados coherentes espacialmente, siempre muestra valores de ajuste situados entre los máximos del conjunto de métodos y se adapta bien a las muestras de tamaño reducido (Felicísimo et al., 2012).

Para el modelado de la distribución potencial de las dos especies invasoras identificadas en el área de estudio se utilizó el software Maxent 3.4.1 (descargado de: http://biodiversityinformatics.amnh.org/open_source/maxent/). El formato de salida utilizado fue el Cloglog (Phillips et al., 2017) y para la evaluación del ajuste del modelo se utilizaron las estadísticas del área bajo la curva (AUC) (Phillips et al., 2006).

Toda la cartografía se ha generado mediante el software ArcGIS 10.4.

RESULTADOS

- **Presencia y abundancia de especies exóticas invasoras en las distintas zonas ecológicas de la cuenca del arroyo de Calamocarro.**

Se han detectado especies exóticas invasoras en todas las zonas ecológicas del arroyo de Calamocarro, excepto en la cabecera del arroyo (zona que se decidió incluir en los muestreos). La cobertura relativa de especies invasoras (en %) se muestra en la **Figura 8**. Se observa una mayor contribución de las especies invasoras a la cobertura vegetal en zonas más antropizadas o degradadas, como la plantación de eucalipto, las antiguas zonas agrícolas o las laderas oeste.

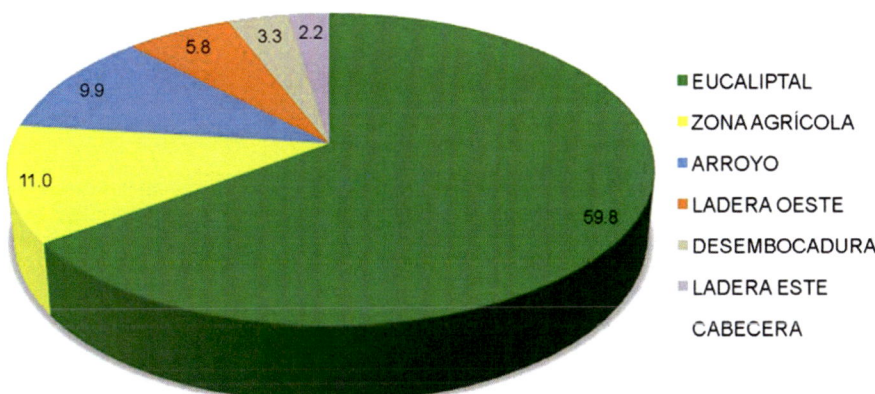

Figura 8. Cobertura (en %) de especies invasoras con respecto a la cobertura vegetal total, de acuerdo con los datos obtenidos en las parcelas muestreadas, para cada zona ecológica del arroyo de Calamocarro.

Las especies invasoras predominantes varían dependiendo de cada zona ecológica (Figura 9). Así, en el eucaliptal encontramos dominancia de *Eucalyptus camaldulensis*, seguido de *Gomphocarpus fruticosus* y algún ejemplar de *Nicotiana glauca.* En la zona de antiguas explotaciones agrícolas encontramos abundantemente la especie *Gomphocarpus fruticosus*, si bien se detectaron algunos pies de

Ailanthus altissima que no aparecieron en las parcelas muestreadas al azar. En la zona del arroyo y riberas encontramos de nuevo de forma muy abundante *Gomphocarpus fruticosus,* algún pequeño ejemplar de eucalipto y numerosos individuos dispersos de *Asclepias curassavica*, muchos de ellos aún plántulas jóvenes, que si bien no representan una cobertura muy importante en la actualidad sí denotan una cierta capacidad de expansión. En la ladera oeste, se detectan principalmente *Gomphocarpus fruticosus* y en menor proporción eucaliptos y *Solanum linnaeanum*, así como un rodal importante de *Agave* sp. que no queda representado en el muestreo por parcelas. En la ladera este, donde el monte mediterráneo está mejor conservado, encontramos algún pie de eucalipto y algunos ejemplares de *Gomphocarpus fruticosus.* En la desembocadura del arroyo se encontraron principalmente *Gomphocarpus fruticosus* y *Asclepias curassavica,* si bien fuera del muestreo de parcelas también se detectaron otras especies exóticas como *Tropaeolum majus* o *Plumbago capensis*.

En la Figura 9 puede observarse cómo algunas especies aparecen preferentemente en unas determinadas zonas, por ejemplo: *Asclepias curassavica* está asociada al curso de agua (zonas de arroyo y desembocadura), y en cambio otras como *Gomphocarpus fruticosus* son conspicuas y llegan a colonizar todos los

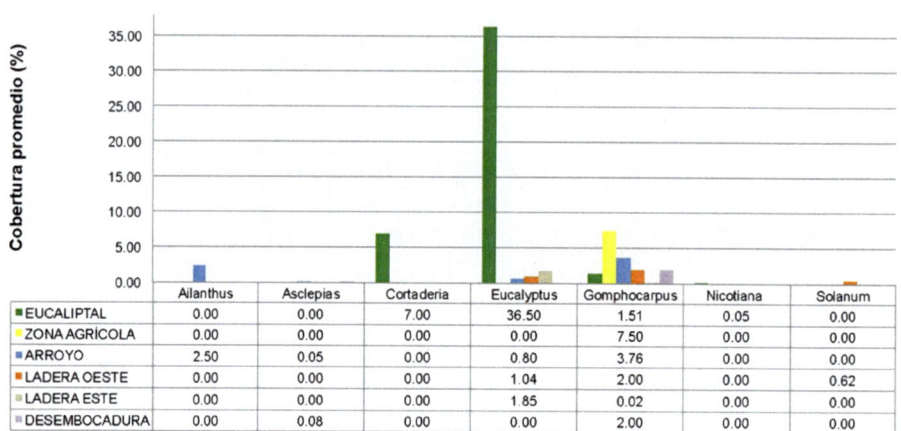

	Ailanthus	Asclepias	Cortaderia	Eucalyptus	Gomphocarpus	Nicotiana	Solanum
■ EUCALIPTAL	0.00	0.00	7.00	36.50	1.51	0.05	0.00
■ ZONA AGRÍCOLA	0.00	0.00	0.00	0.00	7.50	0.00	0.00
■ ARROYO	2.50	0.05	0.00	0.80	3.76	0.00	0.00
■ LADERA OESTE	0.00	0.00	0.00	1.04	2.00	0.00	0.62
■ LADERA ESTE	0.00	0.00	0.00	1.85	0.02	0.00	0.00
■ DESEMBOCADURA	0.00	0.08	0.00	0.00	2.00	0.00	0.00

Figura 9. Cobertura promedio (en %) de las especies invasoras predominantes en las parcelas muestreadas (*Ailanthus altissima, Asclepias curassavica, Cortaderia selloana, Eucalyptus camaldulensis, Gomphocarpus fruticosus, Nicotiana glauca, Solanum linnaeanum*) para cada zona ecológica del arroyo de Calamocarro. Dadas la magnitud de las diferencias de cobertura entre plantas leñosas de gran porte (e.g. *E. camaldulensis*) y plantas herbáceas de pequeño porte (e.g. *A. curassavica*), los valores de cobertura más pequeños no se aprecian en el gráfico, pero sí quedan reflejados en la tabla adjunta.

ambientes. Esta información generada a partir de las parcelas de muestreo se puede complementar con la obtenida en la prospección intensiva que se hizo del territorio. En esta última, por ejemplo, se detectó que *Ailanthus altissima* es relativamente abundante en la zona de antiguas explotaciones agrícolas o *Arundo donax* en la zona de la desembocadura. En la Figura 10 se muestra una síntesis de todas las especies encontradas en cada zona ecológica (a través del muestreo de parcelas o la prospección a amplia escala) y su abundancia (estimada como cobertura en las parcelas de muestreo).

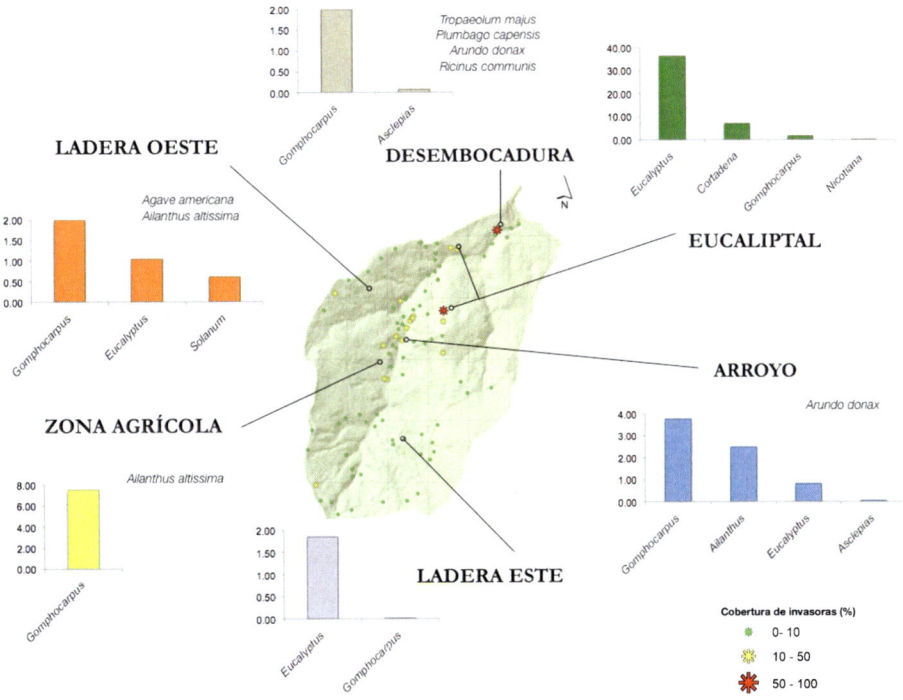

Figura 10. Localización aproximada de las zonas ecológicas en el mapa de la cuenca del arroyo de Calamocarro y cobertura promedio (en %) de especies exóticas invasoras en cada una de las parcelas. Los datos de los gráficos proceden de la información recopilada en las parcelas. Junto a ellos, se mencionan las especies observadas en esa zona pero que no han sido muestreadas dentro de las parcelas.

- **Identificación y diagnóstico de las potenciales amenazas para la biodiversidad provocadas por las plantas invasoras terrestres identificadas en el área de estudio.**

Se han detectado un total de 15 especies de plantas invasoras terrestres en su mayoría perennes en el área de estudio. A continuación, se describen sus principales características y su potencial invasor. Al final de esta sección se incluye una tabla resumen (Tabla 1) con una propuesta de clasificación de estas especies de acuerdo a su potencial invasor en el área -categorizado en tres niveles (alto, medio, bajo) siguiendo los criterios recogidos en la bibliografía (Richardson et al. 2000) y ajustándolos al grado de extensión en el área estudiada- y con las potenciales amenazas de cada una de ellas, de acuerdo con la bibliografía analizada y las observaciones sobre el terreno.

Acacia dealbata

Esta leguminosa de origen australiano está considerada como una de las especies invasoras más agresivas del mundo y catalogada dentro de las 100 especies invasoras más dañinas a nivel europeo (Daisie project, 2019). Tiene un potencial invasor alto, dada su capacidad para rebrotar, su capacidad para alterar el ciclo del nitrógeno y para producir sustancias alelopáticas, que la hacen una excelente competidora capaz de desplazar a la vegetación autóctona. En Ceuta es una especie sobre la que ya se han ejecutado algunas medidas de control. En el arroyo de Calamocarro la encontramos preferentemente en las laderas oeste, muy degradadas, formando rodales de individuos adultos (reproductivos) mezclados con individuos jóvenes, indicando una marcada regeneración y capacidad de expansión. Según el listado propuesto en el documento preliminar de Plan de Gestión del LIC-ZEPA Calamocarro-Benzú también aparecen en la zona *A. longifolia y A. retinoides*.

Agave americana

Es una planta originaria del este de México, considerada especie exótica invasora en España. Puede reproducirse activamente de manera asexual a partir del rizoma, además de ser muy resistente a la sequía y a las altas temperaturas, por lo que se trata de una especie muy prolífica y de difícil errradicación (*Global Invasive Species Database*, 2019). Compite fuertemente con la vegetación autóctona (*Global Invasive Species Database*, 2019). En la zona de estudio existe una población en la ladera oeste, con individuos maduros (alrededor de 15) y juveniles.

Ailanthus altissima

Originaria de China, esta especie está considerada como una de las 100 especies invasoras más dañinas a nivel europeo (Daisie Project, 2019). Tiene un potencial invasor alto, desplaza a la vegetación autóctona gracias a su elevada capacidad colonizadora y a la producción de sustancias alelopáticas que impiden el crecimiento de otras especies. En el arroyo de Calamocarro encontramos individuos extendidos a lo largo del territorio y una población densa en la zona de antiguos cultivos agrícolas.

Arundo donax

Gramínea originaria del continente asiático, es una planta invasora capaz de crecer y reproducirse en una amplia franja de condiciones ambientales, pero principalmente en zonas húmedas. Tiene una gran capacidad invasora, desplaza a la vegetación riparia autóctona, interfiere con el control de las crecidas y puede incrementar la intensidad de los incendios, dada su elevada inflamabilidad (Global Invasive Database, 2019). Además, recientemente se ha comprobado el efecto de *A. donax* sobre las comunidades de artrópodos del suelo (Maceda-Veiga et al, 2016). Actualmente está considerada como invasora en el Catálogo Español de Especies Exóticas Invasoras solo para Canarias (R.D. 630/2013), pero dados los impactos tan evidentes que puede tener esta especie y la abundancia con la que se ha observado en la zona de estudio se ha considerado dentro del diagnóstico de potenciales amenazas. Esta especie es muy abundante a lo largo del arroyo de Calamocarro, especialmente en su desembocadura.

Asclepias curassavica

Nativa de la América tropical, esta especie está naturalizada en muchas partes del mundo debido a su uso extendido en jardinería. Tiene un marcado comportamiento invasor, aunque no se han descrito los impactos que pueden tener en los ecosistemas; no obstante, las fuentes documentales recomiendan prestar atención a la evolución de sus poblaciones (Sanz-Elorza et al., 2004). En el área de estudio la encontramos fuertemente ligada al curso del arroyo y observamos reclutamiento de nuevos ejemplares. Asociada a *A. curassavica* encontramos la también exótica mariposa *Danaus plexippus*, o mariposa monarca, cuyas larvas se alimentan de esta planta invasora (ya que resisten a su toxicidad). La especificidad de la relación planta-mariposa hace sospechar que la introducción haya sido simultánea, e incluso intencionada, cuyas consecuencias para las redes de plantas-polinizadores-herbívoros del ecosistema son impredecibles.

Eucalyptus camaldulensis.

Las especies *E. camaldulensis* y *E. globulus* son consideradas invasoras a nivel mundial (Rejmánek & Richardson, 2011, 2013). En nuestro territorio se ha constatado desde comienzos del siglo XXI que tanto *E. camaldulensis* como *E. globulus* presentan un comportamiento invasor manifiesto y que son especies muy peligrosas para los ecosistemas forestales naturales y semi-naturales, aunque su dispersión sea local (Sanz Elorza et al., 2004), por su gran capacidad transformadora del medio. *E. camaldulensis* y *E. globulus* no están actualmente incluidas en el Catálogo Español de Especies Exóticas Invasoras regulado por el R.D. 630/2013. En la zona de estudio existen plantaciones de *E. camaldulensis* en las laderas este y oeste. Según el listado propuesto en el documento preliminar de Plan de Gestión del LIC-ZEPA Calamocarro-Benzú también aparece puntualmente *E. globulus*.

Gomphocarpus fruticosus

Especie de origen sudafricano ampliamente naturalizada en el sur de Europa y España. Esta especie es tóxica para el ganado y también se comporta como planta nutricia de la mariposa monarca *(Danaus plexippus).* Presenta características que la predisponen a tener un fuerte carácter invasor (elevada producción de semillas fácilmente dispersables, crecimiento rápido) si bien algunos autores discuten su comportamiento invasor, circunscribiendo esta especie a las situaciones de elevado humedad edáfica y alta perturbación antrópica (Fernández-Haeger et al, 2010). En la zona estudiada se ha observado que esta especie es capaz de colonizar todos los ambientes - desde zonas con elevada humedad edáfica en las inmediaciones del arroyo, hasta laderas secas y soleadas con alto grado de perturbación, y llegando a instalarse en zonas de monte mediterráneo con un buen grado de conservación. Por tanto, se considera una especie localmente invasora que puede generar impactos en las comunidades vegetales autóctonas con las que compite.

Mirabilis jalapa

Especie utilizada ampliamente en jardinería. Actualmente está catalogada como invasora en España. Se incluye el registro anecdótico de un ejemplar en la zona de la desembocadura del arroyo de Calamocarro.

Nicotiana glauca

Neófito originario de Sudamérica ampliamente naturalizado en España. Especie recientemente excluida del Catálogo Español de Especies Exóticas Invasoras

(R.D. 630/2013). En la zona de estudio se ha encontrado de forma marginal asociada a la zona de eucaliptal.

Opuntia ficus-indica

Cactácea nativa de America y ampliamente naturalizada en diversas regiones del mundo. Esta especie fue introducida en España con fines agrícolas. Se encuentra incluida en el Catálogo Español de Especies Exóticas Invasoras, ya que puede competir con la vegetación autóctona, aunque el cultivo y la comercialización de sus frutos están permitidos en España con algunas restricciones.

Oxalis pes-caprae

Esta hierba originaria de Sudáfrica está considerada como una de las 100 especies invasoras más dañinas a nivel europeo (*Daisie Project*, 2019). Debido a la fenología de la especie, *O. pes-caprae* fue detectada en una prospección adicional (diciembre 2018) y es la única especie registrada de carácter vivaz, resistiendo su estación desfavorable (verano) en forma de bulbo subterráneo. Cada ejemplar produce decenas de bulbillos cada año por lo que es capaz de tapizar grandes extensiones de terreno, compitiendo por el espacio o los recursos con las especies autóctonas y probablemente alterando la luminosidad, temperatura y cantidad de materia orgánica del suelo. Es una especie tóxica para el ganado y puede causar daños si llega a colonizar campos agrícolas (*Global Invasive Species Database*, 2019). En el área de estudio aparece abundantemente, tapizando el suelo a lo largo de la mayoría del territorio.

Plumbago capensis

Especie utilizada ampliamente en jardinería. Actualmente no se encuentra catalogada como invasora en España. Se incluye el registro anecdótico de un ejemplar en la zona de la desembocadura del arroyo de Calamocarro a modo de referencia para posible seguimiento.

Ricinus communis

Especie de origen controvertido y ampliamente naturalizada en el mundo. El Catálogo Español de Especies Exóticas Invasoras (R.D. 630/2013) la considera invasora solo en el ámbito de Canarias. No obstante, se ha observado su tendencia expansiva en otras zonas del Mediterráneo (Sanz-Elorza et al., 2004). Presente en el arroyo de Calamocarro en la zona de la desembocadura.

Solanum linnaeanum

Solanácea nativa de Sudáfrica y ampliamente naturalizada en la región mediterránea. No está incluida en el Catálogo Español de Especies Exóticas Invasoras (R.D. 630/2013), pero se ha incluido en el diagnóstico de potenciales amenazas por observarse una tendencia localmente expansiva. Se sabe que en otras áreas del mundo (Australia, Nueva Zelanda) se comporta como invasora, por lo que merece la pena monitorizar su evolución. En el área de estudio aparece de forma abundante en las laderas oeste y la zona de antiguas explotaciones agrícolas.

Tropaeolum majus

Especie procedente de América ampliamente utilizada en jardinería. Presenta un comportamiento invasor manifiesto (Sanz-Elorza et al., 2004), siendo una especie potencialmente dañina para los ecosistemas naturales o antropizados, aunque su difusión sea local. Presente en la desembocadura del arroyo de Calamocarro.

Tabla 1. Potencial invasor y potenciales amenazas de las especies invasoras detectadas en el arroyo de Calamocarro en el presente estudio.

Especie	Potencial invasor Alto / Medio / Bajo	Potenciales amenazas
Acacia dealbata	Alto	1, 2, 3, 6
Agave americana	Alto	1
Ailanthus altissima	Alto	1, 2, 3, 6
Arundo donax	Alto	1, 4, 5
Asclepias curassavica	Medio	1
Eucalyptus camaldulensis *Eucalyptus globulus*	Alto	1, 2, 3, 4, 5
Gomphocarpus fruticosus	Alto	1
Mirabilis jalapa	Bajo	-
Nicotiana glauca	Bajo	1
Opuntia ficus-indica	Medio	1,3
Oxalis pes-caprae	Alto	1
Plumbago capensis	Bajo	-
Ricinus communis	Medio	1
Solanum linnaeanum	Medio	1
Tropaeolum majus	Bajo	1

1. Competencia con la vegetación autóctona.
2. Alterar el ciclo de nutrientes.
3. Reducción de la biodiversidad de flora o fauna.
4. Alterar el régimen de fuegos
5. Alterar los procesos asociados al cauce.
6. Introduce toxicidad en el suelo.

- No evaluable

- **Cartografía y Modelos de distribución potencial para las especies *Asclepias curassavica* y *Ailanthus altissima*.**

A continuación, se presentan los resultados de los modelos de distribución potencial de las dos especies que se georreferenciaron a detalle, *Asclepias curassavica* y *Ailanthus altissima*. Los modelos generados presentan la limitación de que alguna información ambiental necesaria para realizar los cálculos - como vulnerabilidad a la erosión, tipos del suelo, humedad del suelo, registros climáticos completos - no está disponible para Ceuta sino solo para la Península Ibérica.

El esquema de presentación de los resultados es idéntico para los modelos de las dos especies. Se proporciona **a)** el valor de ajuste del modelo (índice AUC que oscila entre 0 y 1, se considera un buen ajuste por encima de 0.5); **b)** una relación de las variables que tienen más peso en explicar la distribución potencial; **c)** gráficos para describir los patrones de las 3 variables con más peso en el modelo, y **d)** un mapa final que muestra la distribución potencial de la especie. Estos mapas nos ofrecen la posibilidad de conocer la vulnerabilidad del territorio a la invasión de estas especies.

Asclepias curassavica

El ajuste del modelo de *A. curassavica* es adecuado (AUC=0.984). Las variables que tuvieron más peso a la hora de explicar su distribución potencial fueron en este orden: altitud (47.7%), distancia a ríos (21%), uso de suelo (18.3%), orientación (6.9%), pendiente (5.4 %), distancia a caminos y pistas (0.5 %), distancia a edificaciones (0.3 %) (Figura 11).

En síntesis, la especie *A. curassavica* tiene más probabilidad de colonizar zonas de baja altitud, cercanas al río y con usos del suelo ligados a las formaciones de matorral y frondosas perennifolias (6) o de matorral con suelo desnudo (8).

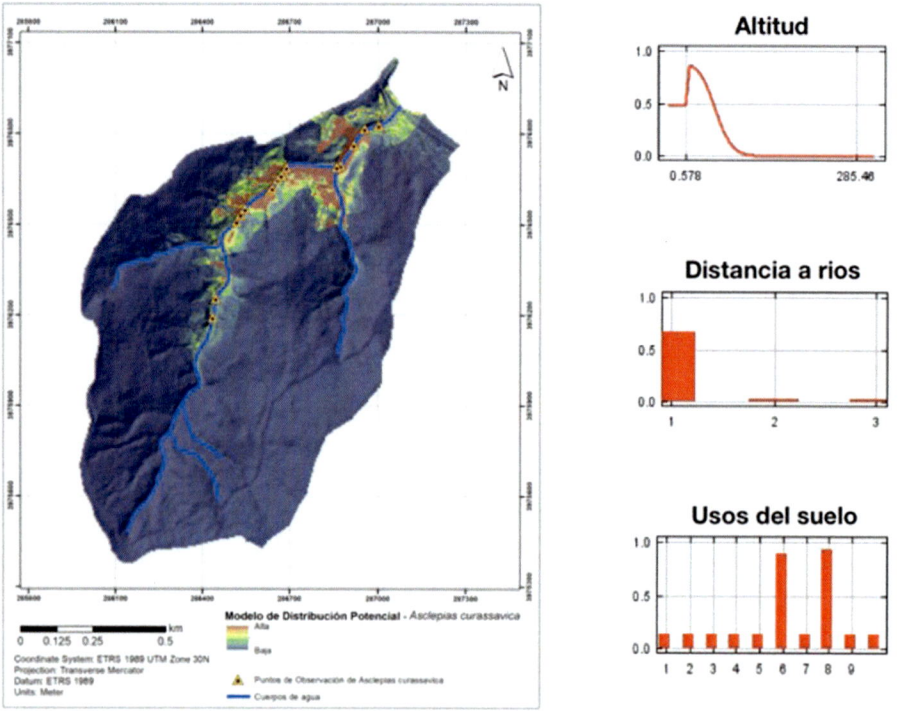

Figura 11. Mapa de distribución potencial de *Asclepias curassavica* en el área de estudio y patrones de variación de las 3 variables principales a la hora de explicar esta distribución: Altitud, Distancia a ríos y Usos del Suelo.

Ailanthus altissima

El ajuste del modelo de *A. altissima* es adecuado (AUC=0.893). Las variables que tuvieron más peso a la hora de explicar su distribución potencial fueron en este orden: orientación (50.5%), distancia a caminos (15%), distancia a ríos (14.1%), pendiente (10.7%), distancia a edificaciones (8.3%), uso del suelo (1.5%) y la altitud no parece ser una variable explicativa de la distribución de esta especie (0%) (Figura 12).

A. altissima tiene más probabilidades de colonizar zonas con orientación Este o Noreste a pequeña escala (prefieren insolación), también se encuentra ligada a zonas muy cercanas a caminos, que pueden actuar como corredores de dispersión, o bien muy alejadas (que suelen coincidir con la cercanía al río). Por último, esta especie también tiende a colonizar zonas cercanas a ríos.

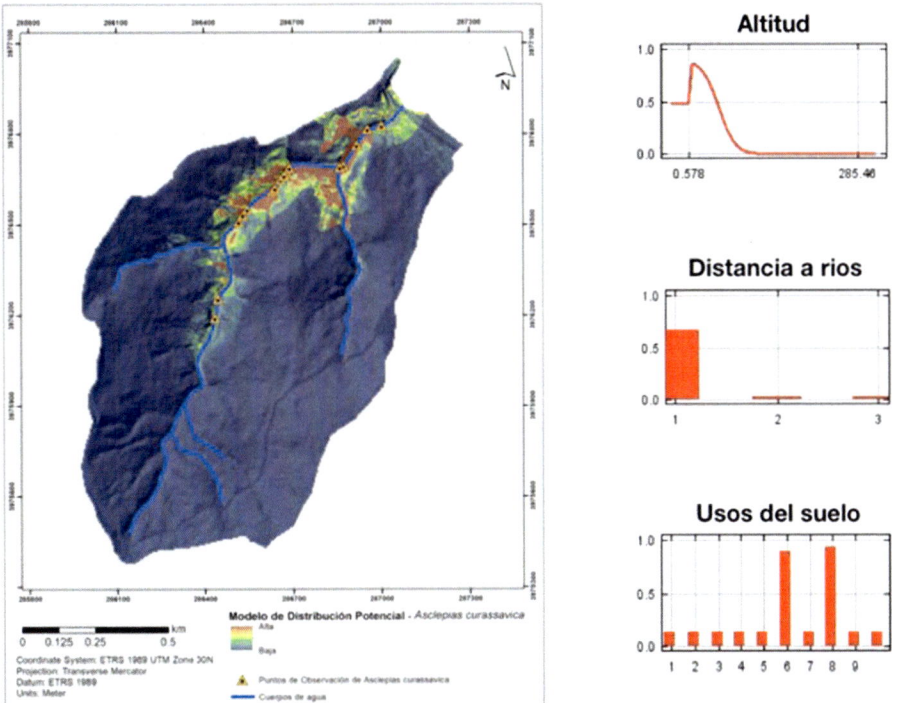

Figura 12. Mapa de distribución potencial de *Ailanthus altissima* en el área de estudio y patrones de variación de las 3 variables principales a la hora de explicar esta distribución: Orientación, Distancia a caminos y Distancia a ríos.

- **Catálogo de las especies de plantas terrestres exóticas (invasoras o potencialmente invasoras) de la cuenca del arroyo de Calamocarro.**

    En este estudio, se han detectado un total de 15 especies de plantas exóticas terrestres en el área de estudio, ampliando en 6 especies el listado de especies registradas previamente en el documento preliminar Plan de Gestión del LIC-ZEPA Calamocarro-Benzú (Tabla 2).

    El catálogo se proporciona como un documento anexo a este informe y consta de 15 fichas de especies exóticas invasoras o con potencial invasor. Las fichas de este catálogo resumen la información ya publicada en fichas del atlas de las plantas alóctonas invasoras de España (Sanz-Elorza et al., 2004) y la complementan con información adicional procedente de otras fuentes indicadas, adaptando los contenidos al contexto del arroyo Calamocarro.

Tabla 2. Listado de especies exóticas - invasoras o potencialmente invasoras - detectadas en la cuenca del arroyo de Calamocarro en el presente estudio ("Observadas") o bien citadas por otros autores para el LIC-ZEPA de Calamocarro - Benzú ("Citadas previamente para el LIC-ZEPA"). En rojo se señalan las especies que son citadas por primera vez para este espacio. En azul, las especies que aun habiendo sido citadas con anterioridad, no han sido observadas en este estudio.

Especie	Observadas	Citada previamente para el LIC-ZEPA
Acacia dealbata	✓	✓
Acacia longifolia		✓
Acacia retinoides		✓
Agave americana	✓	✓
Ailanthus altissima	✓	✓
Arundo donax	✓	✓
Asclepias curassavica	✓	
Carpobrotus edulis		✓
Eucalyptus camaldulensis	✓	✓
Eucalyptus globulus		✓
Gomphocarpus fruticosus	✓	
Ipomoea indica		✓
Mirabilis jalapa	✓	
Nicotiana glauca	✓	✓
Opuntia ficus-indica	✓	
Oxalis pes-caprae	✓	✓
Plumbago capensis	✓	
Ricinus communis	✓	✓
Solanum linnaeanum	✓	
Tropaeolum majus	✓	

SÍNTESIS Y RECOMENDACIONES

Los estudios rigurosos sobre el estado de las poblaciones de especies invasoras son esenciales para una adecuada toma de decisiones en el ámbito de la gestión y la restauración ecológica, ya que ayudan a predecir y reorientar el estado de los ecosistemas fortaleciendo los bienes y servicios que pueden llegar a suministrar los ecosistemas restaurados y adecuadamente gestionados.

La restauración ecológica consiste en el proceso de asistencia para la recuperación de ecosistemas que han sido degradados, dañados o destruidos, como medio de mantener la resiliencia y conservar la biodiversidad de los mismos (SER, 2004; Convention on Biological Conservation, 2011). Existe un amplio consenso en que ya no es posible mantener la biodiversidad dentro de unos niveles deseados exclusivamente mediante la conservación selectiva de zonas prioritarias, sino que es además necesario establecer programas que restablezcan la salud de los ecosistemas.

En línea con los principios de la restauración ecológica, las medidas propuestas en este documento se vertebran en torno a dos ejes principales: prevenir la entrada de especies exóticas con los medios necesarios, incluida una adecuada educación ambiental a la ciudadanía; y eliminar la vegetación alóctona al mismo tiempo que se restauran las comunidades autóctonas. Todas estas medidas deben planificarse y ejecutarse con el objetivo de mantener e incrementar el valor ecológico este espacio protegido "LIC-ZEPA de Calamocarro - Benzú" de la Ciudad Autónoma de Ceuta perteneciente a la Red Natura 2000. Las medidas propuestas en el catálogo, así como en este informe intentan ser conservadoras, utilizando métodos que minimicen los daños sobre los ecosistemas y biodiversidad autóctonos siempre que sea posible. De ahí que no se considere, por ejemplo, la utilización de bioagentes de control o el uso de herbicidas de naturaleza química para erradicar las poblaciones de especies invasoras (SER, 2004; Mola et al, 2018).

- PREVENCIÓN Y EDUCACIÓN AMBIENTAL

Se sugieren dos líneas de actuación en relación con medidas de prevención y educación ambiental de invasiones de especies:

Frenar nuevas introducciones, impulsando la utilización de vegetación autóctona en las actuaciones de estabilización de taludes, jardinería, adecuamiento de obras públicas como carreteras, etc, mediante el desarrollo de un marco legislativo *ad hoc* y campañas de concienciación para los distintos sectores.

Desarrollar en programas de Educación ambiental específicos, como por ejemplo desarrollar talleres explicando en el caso de las especies del género *Asclepias* o *Gomphocarpus* y la mariposa monarca, las cuales son introducidas por sus valores estéticos pero sin conciecia de los daños potenciales que eso puede causar a medio-largo plazo en el ecosistema.

- ELIMINACIÓN MANUAL O MECÁNICA Y REVEGETACIÓN

Para las especies leñosas de gran porte como las del género *Eucalyptus* y *Acacia*, se sugiere un plan a medio-largo plazo que combine la eliminación gradual de estas especies por medio de maquinaria ligera y la revegetación o potenciación de la vegetación autóctona, con el fin de mantener la integridad del terreno y asegurar una restauración ecológica efectiva. Se descarta el uso de maquinaria pesada dada la elevada pendiente del terreno. En el caso de *Ailanthus*, por encontrarse en zonas de gran pendiente, se plantea la eliminación selectiva de individuos jóvenes.

Para el resto de especies (incluyendo a los individuos jóvenes de las especies arbóreas), se propone el control mediante eliminación manual de todas las partes de la planta (con sus partes subterráneas) siempre y cuando sea posible. Para priorizar las actuaciones, recomendamos escoger en primera instancia especies con potencial invasor medio-alto con poblaciones relativamente accesibles que ofrezcan la posibilidad real de ser eliminadas antes de que constituyan un problema más grave para el ecosistema. A corto plazo proponemos actuaciones sobre *Gomphocarpus fruticosus* (Figura 13A), *Asclepias curassavica* y *Nicotiana glauca*.

Adicionalmente, con el fin de reforzar las poblaciones vegetales nativas e incrementar la resiliencia del ecosistema se recomienda: (1) la revegetación con especies autóctonas de especies sobre todo arbóreas y arbustivas, (2) la protección y seguimiento periódico de las zonas bien conservadas de matorral mediterráneo y de rodales de alcornocal para reducir el riesgo de invasiones biológicas y (3) contemplar la gestión y control de especies que si bien son autóctonas tienen un alto poder colonizador, como es el caso de *Rubus* sp. y el *Pteridium aquilinum*. Se ha observado que en la ladera al este del arroyo de Calamocarro estas especies son dominantes en algunas zonas del ecosistema e impiden que el ecosistema madure hacia otros estados con un mayor valor ecológico, por lo que consideramos que tendría un impacto positivo reducir el área ocupado por las mismas (**Figura 13B**).

Figura 13. A) Zona ecológica correspondiente a la ladera oeste en la que se observa la expansión de *Gomphocarpus fruticosus*. **B)** Zona ecológica correspondiente a la ladera oeste en la que se observa la dominancia de *Rubus* sp. y el *Pteridium aquilinum.*

REFERENCIAS BIBLIOGRÁFICAS Y FUENTES DOCUMENTALES.

Andreu, J., & Vilà, M. (2007). Análisis de la gestión de las plantas exóticas en los espacios naturales españoles. *Ecosistemas*, 16(3).

Aragón, C. F. (2014). Evolución de las estrategias vitales en plantas: desde Cole hasta la ecología de las especies invasoras. *Ecosistemas*, 23(3), 6-12.

Balaguer, L. (2004). Las plantas invasoras. *Historia natural*, 5, 32-41.

Castro-Díez, P., Godoy, O., Alonso, A., Gallardo, A., & Saldaña, A. (2014). What explains variation in the impacts of exotic plant invasions on the nitrogen cycle? A meta-analysis. *Ecology letters*, *17*(1), 1-12.

Convention on Biological Diversity. (2011). Conference of the Parties Decision X/2: Strategic plan for biodiversity 2011–2020., http://www.cbd.int/decision/cop/?id = 12268

Chamorro, S., & Nieto, M. (1989). *Síntesis geológica de Ceuta*. Iltre. Ayuntamiento de Ceuta. Consejería de Cultura. Servicio de Publicaciones. *Ceuta*.

Catálogo Español de Especies Exóticas Invasoras. Real Decreto 630/2013.

DAISIE. (2006). DAISIE European invasive alien species gateway. Available from: http://www.europe-aliens.org/[Accessed 11 January 2019].

DellaSala, D. A., Brandt, P., Koopman, M., Leonard, J., Meisch, C., Herzog, P., ... & Wehrden, H. V. (2018). Climate change may trigger broad shifts in North America's Pacific Coastal rainforests. *Reference Module in Earth Systems and Environmental Sciences*.

Dodet, M., & Collet, C. (2012). When should exotic forest plantation tree species be considered as an invasive threat and how should we treat them?. *Biological invasions*, 14(9), 1765-1778.

ESRI. (2012). ArcGIS 10.1. California: Environmental Systems Research Institute.

European-Commission (2014). EC, 2014. Regulation (EU) No 1143/2014 of the European Parliament and of the Council of 22 October 2014 on the prevention and management of the introduction and spread of invasive alien species.

European-Environmental-Agency (2012). The impacts of invasive alien species in Europe. *EEATechnical report* No 16/2012. Publications Office of the European Union, Copenhage, Dinamarca.

Felicísimo, Á.M., Mateo, R.G,, Villalba, C., Mateos, E. (2012). *FORCLIM, Bosques y cambio global*. 3. España - México: CYTED, Madrid. .

Fernández Haeger, J., Jordano Barbudo, D., León Meléndez, M., & Devesa, J. A. (2010). Gomphocarpus R. Br.(Apocynaceae sufma. Asclepiadoideae) en Andalucía Occidental. *Lagascalia, 30, 39-46.*

Formulario de Datos NATURA 2000 Código del lugar: ES6310001 (http://www. biodiversia.es/sites/default/files/recursos/12/urlpdf/ES6310001%20-%20 CALAMOCARRO-BENZU.pdf)

Global Invasive Species Database (2019). Downloaded from http://www.iucngisd. org/gisd/search.php on 11-01-2019.

Le Maitre, D. C., Sheppard, A. W., Marchante, E., Holmes, P., Gaertner, M., Rogers, A., & Pauchard, A. (2011). Impacts of Australian Acacia species on ecosystem services and functions, and options for restoration. *Diversity and Distributions, 16*, 1015-1029.

Maceda-Veiga, A., Basas, H., Lanzaco, G., Sala, M., De Sostoa, A., & Serra, A. (2016). Impacts of the invader giant reed (Arundo donax) on riparian habitats and ground arthropod communities. *Biological Invasions*, *18*, 731-749.

Mack, R. N., Simberloff, D., Mark Lonsdale, W., Evans, H., Clout, M., & Bazzaz, F. A. (2000). Biotic invasions: causes, epidemiology, global consequences, and control. *Ecological applications*, *10*(3), 689-710.

Mola, I., Sopeña, A., & De Torre, R. (2018). Guía práctica de restauración ecológica. *Fundación Biodiversidad del Ministerio para la Transición Ecológica. Madrid.*

Parker, I.M., Simberloff, D., Lonsdale, W.M., Goodell, K., Wonham, M., Kareiva, P.M., Williamsom, Parker, I. M., Simberloff, D., Lonsdale, W. M., Goodell, K., Wonham, M., Kareiva, P. M., ... & Goldwasser, L. (1999). Impact: toward a framework for understanding the ecological effects of invaders. *Biological invasions*, *1*, 3-19.

Phillips, S. J., & Dudík, M. (2008). Modeling of species distributions with Maxent: new extensions and a comprehensive evaluation. *Ecography*, *31*(2), 161-175.

Plan de Gestión del LIC-ZEPA Calamocarro-Benzú (ES6310001), documento preliminar. 2018.http://www.rednatura2000ceuta.es

Simberloff, D., & Rejmanek, M. (2001). *Encyclopedia of biological invasions.* Berkeley and Los Angeles.

Rejmánek, M., & Richardson, D. M. (2013). Trees and shrubs as invasive alien species–2013 update of the global database. *Diversity and distributions*, *19*(8), 1093-1094.

Richardson, D. M., Pyšek, P., Rejmanek, M., Barbour, M. G., Panetta, F. D., & West, C. J. (2000). Naturalization and invasion of alien plants: concepts and definitions. *Diversity and distributions*, *6*(2), 93-107.

Elorza, M. S., Sánchez, E. D. D., Vesperinas, E. S., & Nacionales, O. A. P. (Eds.). (2004). *Atlas de las plantas alóctonas invasoras en España*. Organismo Autónomo Parques Nacionales.

Clewell, A., Aronson, J., & Winterhalder, K. (2004). Society for ecological restoration international science & policy working group. *The SER international primer on ecological restoration..*

Bishop, J., Brink, P. T., Gundimeda, H., Kumar, P., Nesshöver, C., Schröter-Schlaack, C., ... & Wittmer, H. (2010). The economics of ecosystems and biodiversity: mainstreaming the economics of nature: a synthesis of the approach, conclusions and recommendations of TEEB., http://www.teebweb.org

Thapa, S., Chitale, V., Rijal, S. J., Bisht, N., & Shrestha, B. B. (2018). Understanding the dynamics in distribution of invasive alien plant species under predicted climate change in Western Himalaya. *PloS one*, *13*(4), e0195752.

Vilà, M., Espinar, J. L., Hejda, M., Hulme, P. E., Jarošík, V., Maron, J. L., ... & Pyšek, P. (2011). Ecological impacts of invasive alien plants: a meta-analysis of their effects on species, communities and ecosystems. *Ecology letters*, *14*(7), 702-708.

Vilà, M. (2001). *Causas y consecuencias de las invasiones biológicas. En Ecosistemas mediterráneos: análisis funcional*. Textos Universitarios (eds. R. Zamora y F. Pugnaire), pp. 32, CSIC y Asociación Española de Ecología Terrestre. Ed. Castillo y Edisart S. L., Madrid, España.

Vilà, M., Basnou, C., Pyšek, P., Josefsson, M., Genovesi, P., Gollasch, S., ... & DAISIE partners. (2010). How well do we understand the impacts of alien species on ecosystem services? A pan-European, cross-taxa assessment. *Frontiers in Ecology and the Environment*, *8*(3), 135-144.

Vilà, M., Valladares, F., Traveset, A., Santamaría, L., & Castro, P. (2008). *Invasiones biológicas* (p. 215). Madrid: Consejo Superior de Investigaciones Científicas.

Vilà, M., Tessier, M., Suehs, C. M., Brundu, G., Carta, L., Galanidis, A., ... & Hulme, P. E. (2006). Local and regional assessments of the impacts of plant invaders on vegetation structure and soil properties of Mediterranean islands. *Journal of Biogeography*, *33*(5), 853-861.

Vitousek, P. M., & Walker, L. R. (1989). Biological invasion by Myrica faya in Hawai'i: plant demography, nitrogen fixation, ecosystem effects. *Ecological monographs*, *59*(3), 247-265.

Vitousek, P. M., D'antonio, C. M., Loope, L. L., Rejmanek, M., & Westbrooks, R. (1997). Introduced species: a significant component of human-caused global change. *New Zealand Journal of Ecology,* 1-16.

West, A. M., Kumar, S., Brown, C. S., Stohlgren, T. J., & Bromberg, J. (2016). Field validation of an invasive species Maxent model. *Ecological informatics, 36*, 126-134.

ANEXO I

Catálogo de flora exótica invasora del arroyo de Calamocarro de Ceuta

Introducción

Este documento contiene la lista de flora exótica invasora detectadas hasta la fecha para la cuenca del arroyo de Calamocarro, situada en el LIC-ZEPA de Calamocarro-Benzú de la Ciudad Autónoma de Ceuta, así como una ficha informativa para cada una de las especies. La información que se recoge en el presente documento está basada en la información ya publicada en fichas del atlas de las plantas alóctonas invasoras de España (Sanz-Elorza et al, 2004) y se complementa con información adicional de otras fuentes, adaptando los contenidos al contexto del arroyo Calamocarro, ya que la publicación de Sanz-Elorza et al. no utilizó datos de la Ciudad Autónoma de Ceuta.

Lo que se ha pretendido es generar unas fichas prácticas que resuman de manera sintética información sobre cada especie invasora o potencialmente invasora, especificando datos de hábitat para cada especie en el área de estudio del arroyo de Calamocarro de Ceuta y recogiendo las mejores medidas de control y gestión de la especie bajo el prisma de la disciplina de la restauración ecológica (SER, 2004; Mola et al, 2018).

Listado de especies de flora exótica invasora y mapas de localización

A continuación se presentan tablas y figuras incluidas en la memoria final, para interpretar independientemente este documento. La tabla 1 recoge el listado de las especies invasoras o con potencial invasor. La tabla 2 muestra el potencial invasor de las especies observadas y sus potenciales amenazas. En la tabla 3 se indica qué especies se recogen en el RD 630/2013, debido a las repercusiones para la gestión de este espacio protegido de la Red Natura 2000. La figura 1 la componen mapas de localización del área de estudio y la figura 2, las zonas ecológicas, con las parcelas georreferenciadas y las coberturas estimadas visualmente de las especies exóticas invasoras.

Tabla 1. Listado de especies exóticas –invasoras o potencialmente invasoras– detectadas en la cuenca del arroyo de Calamocarro en el presente estudio ("Observadas") o bien citadas por otros autores para el LIC-ZEPA de Calamocarro–Benzú (Citadas previamente para el LIC-ZEPA). En rojo se señalan las especies que son citadas por primera vez para este espacio. En azul, las especies que aun habiendo sido citadas con anterioridad no han sido observadas en este estudio.

Especie	Observadas	Citada previamente para el LIC-ZEPA
Acacia dealbata	✓	✓
Acacia longifolia		✓
Acacia retinoides		✓
Agave americana	✓	✓
Ailanthus altissima	✓	✓
Arundo donax	✓	✓
Asclepias curassavica	✓	
Carpobrotus edulis		✓
Eucalyptus camaldulensis	✓	✓
Eucalyptus globulus		✓
Gomphocarpus fruticosus	✓	
Ipomoea indica		✓
Mirabilis jalapa	✓	
Nicotiana glauca	✓	✓
Opuntia ficus-indica	✓	
Oxalis pes-caprae	✓	✓
Plumbago capensis	✓	
Ricinus communis	✓	✓
Solanum linnaeanum	✓	
Tropaeolum majus	✓	

Tabla 2. Potencial invasor y potenciales amenazas de las especies invasoras detectadas en el arroyo Calamocarro en el presente estudio.

Especie	Potencial invasor Alto / Medio / Bajo	Potenciales amenazas
Acacia dealbata	Alto	1, 2, 3, 6
Agave americana	Alto	1
Ailanthus altissima	Alto	1, 2, 3, 6
Arundo donax	Alto	1, 4, 5
Asclepias curassavica	Medio	1
Eucalyptus camaldulensis *Eucalyptus globulus*	Alto	1, 2, 3, 4, 5
Gomphocarpus fruticosus	Alto	1
Mirabilis jalapa	Bajo	-
Nicotiana glauca	Bajo	1
Opuntia ficus-indica	Medio	1,3
Oxalis pes-caprae	Alto	1
Plumbago capensis	Bajo	-
Ricinus communis	Medio	1
Solanum linnaeanum	Medio	1
Tropaeolum majus	Bajo	1

1. Competencia con la vegetación autóctona.
2. Alterar el ciclo de nutrientes.
3. Reducción de la biodiversidad de flora o fauna.
4. Alterar el régimen de fuegos
5. Alterar los procesos asociados al cauce.
6. Introduce toxicidad en el suelo.
- No evaluable

Tabla 3. Listado de especies exóticas –invasoras o potencialmente invasoras– detectadas en la cuenca del arroyo de Calamocarro en el presente estudio según criterios biológicos, donde se indica si la especie está incluida en el catálogo incluido en el RD 630/2013.

Especie	Incluida en el RD 630/2013
Acacia dealbata	✓
Agave americana	✓
Ailanthus altissima	✓
Arundo donax	
Asclepias curassavica	
Eucalyptus camaldulensis	
Gomphocarpus fruticosus	
Mirabilis jalapa	
Nicotiana glauca	
Opuntia ficus-indica	
Oxalis pes-caprae	✓
Plumbago capensis	
Ricinus communis	
Solanum linnaeanum	
Tropaeolum majus	

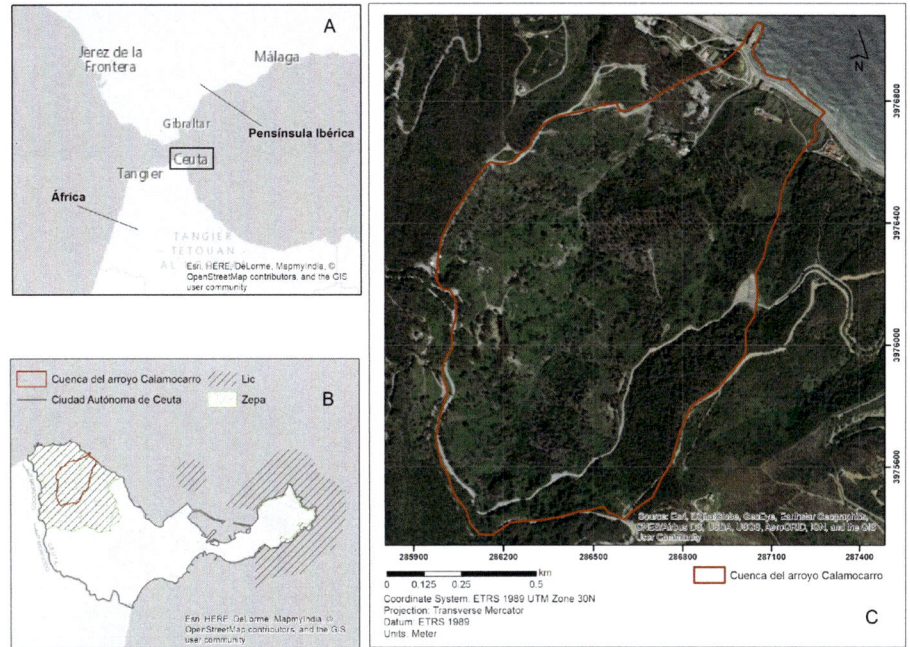

Figura 1. Mapas de localización del área de estudio: **A)** Localización de Ceuta; **B)** Mapa de las áreas con figura de protección de LIC y ZEPA de Ceuta; **C)** Mapa de la cuenca del arroyo de Calamocarro delimitado como área de estudio del proyecto.

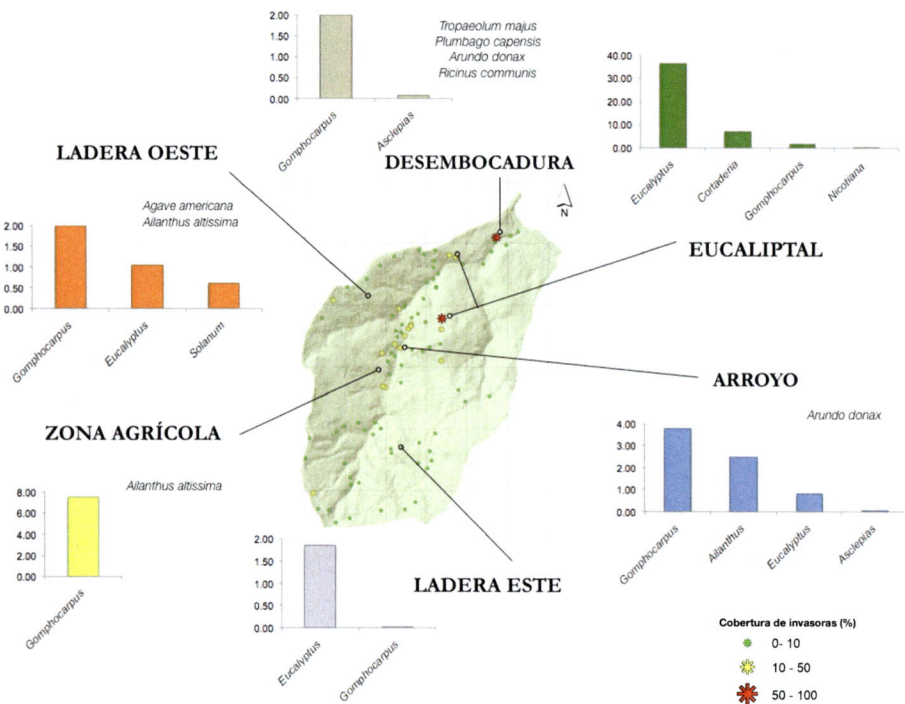

Figura 2. Localización aproximada de las zonas ecológicas en el mapa de la cuenca del arroyo de Calamocarro y cobertura promedio (en %) de especies exóticas invasoras en cada una de las parcelas. Los datos de los gráficos proceden de la información recopilada en las parcelas. Junto a ellos, se mencionan las especies observadas en esa zona pero que no han sido muestreadas dentro de las parcelas.

Fichas de especies exóticas invasoras o con potencial invasor

A continuación se presentan 15 fichas de las especies exóticas invasoras detectadas en el área de estudio de la cuenca del arroyo de Calamocarro de Ceuta.

Acacia dealbata

Nombres comunes: mimosa, acacia, acacia francesa, acacia de hoja azul, alcacia, alcarcia.
En inglés: silver wattle, blue walte.

Datos generales

Clase: *Magnoliopsida* Cronq. Takht. & Zimmerm.
Orden: *Fabales* Bromhead.
Familia: *Mimosaceae* R. Br.
Especie: *Acacia dealbata* Link, Enum. Pl. Hort. Berol. Alt. 2: 445 (1822).
Tipo biológico: macrofanerófito perennifolio.

Identificación

Árbol perennifolio que no sobrepasa los 15 m en España. Hojas bipinnadas. Flores amarillas, con el cáliz y la corola campanulados. Estambres muy numerosos. Fruto en legumbre comprimida.

Procedencia y forma de introducción

Especie originaria del sudeste de Australia, desde Nueva Gales del Sur hasta Victoria, y de Tasmania. Existente en muchas zonas templadas para su cultivo en jardinería. En España fue introducida a mediados del siglo XIX.

Hábitat

No tolera las heladas intensas ni los vientos fuertes. Prefiere los substratos ácidos. Altamente naturalizada en Galicia, aunque se encuentra en otros muchos puntos de la península Ibérica, destacando aquí las poblaciones de Andalucía occidental por su posible importancia para la presencia de la especie en Ceuta, dada su cercanía geográfica. En el área de estudio se localiza en zonas soleadas con suelos degradados sobre todo de la ladera oeste. Para el LIC-ZEPA Calamocarro-Benzú se han citado otras dos especies del género acacia: *A. retinoides / A. longifolia* no detectadas en este estudio.

Características ecológicas y problemática

Tendencia poblacional expansiva. Las semillas pueden permanecer latentes durante mucho tiempo, germinando tras los incendios debido al efecto estimulador de las altas temperaturas. Tiene la capacidad de rebrotar después de incendios, lo que ha propiciado su éxito invasor sobre todo en Galicia.

Actuaciones y medidas recomendadas

Medidas preventivas tales como (1) mantener en buen estado la cubierta vegetal natural y (2) luchar activamente contra los incendios forestales, son la mejor opción para evitar su expansión. Es muy desaconsejable su utilización en zonas ajardinadas.

Los métodos mecánicos de control tienen limitada su eficacia por la capacidad de rebrote y solo son efectivos si se desarraigan las plantas con toda su cepa, lo que exige el empleo de maquinaria pesada en los casos de ejemplares grandes, por lo que se desaconseja en zonas de difícil acceso con elevada pendiente. También se ha comprobado que el anillado (eliminación completa de una banda de corteza y el cámbium de toda la circunferencia de un tallo o rama) es otra técnica eficaz para el control mecánico de la especie (Wener 2003).

Agave americana

Nombres comunes: pita, maguey, ma-güey, pitera, pitaco. En inglés: *century plant, American aloe.*

Datos generales

Clase: *Liliopsida* Cronq. Takht. & Zimmerm.
Orden: *Liliales* Lindley.
Familia: *Agavaceae* Endl.
Especie: *Agave americana* L., Sp. Pl.: 323 (1753).
Tipo biológico: macrofanerófito perennifolio.

Identificación

Es una planta que forma grandes rosetas de hojas lanceoladas, carnosas, muy gruesas, espinosas en los márgenes y en el ápice. Las flores son de color amarillo pálido, que aparecen en una panícula situada en el extremo de unos tallos de 5-8 m de altura. Fruto en cápsula alargada. Semillas negras, aplanadas y numerosas. Tras la floración, la roseta que ha emitido el tallo florífero muere.

Procedencia y forma de introducción

Especie originaria de Méjico. Fue introducida en Europa, a través de España, en el siglo XVI. Se ha utilizado para la separación de lindes, alimentación del ganado, elaboración de fibras y materiales de construcción.

Hábitat

Precisa suelos muy bien drenados y exposiciones soleadas. Es muy resistente a la sequía y a las altas temperaturas. En la región mediterránea habita en lugares pedregosos soleados, ramblas y arenales, por lo general cercanos al mar. En el **área de estudio** se localiza en zonas soleadas con suelos degradados y erosionados de la ladera oeste.

Características ecológicas y problemática

Tendencia poblacional expansiva. Altamente naturalizada en las provincias litorales mediterráneas y suratlánticas. Se reproduce activamente de manera asexual a partir de rizoma del que pueden brotar abundantes rosetas. Polinización entomófila (lepidópteros) o quiropterófila.

Actuaciones y medidas recomendadas

La retirada manual o mecánica de las plantas donde se produzcan invasiones parece, en principio, el método de control más adecuado, aunque para que sea efectivo deben eliminarse todos los rizomas. Este método se ha utilizado con éxito en algunos espacios protegidos para el control y erradicación de la especie. En este entorno, dada la elevada pendiente el uso de maquinaria pesada para la erradicación de la especie se desaconseja.

Ailanthus altissima

Nombres comunes: ailanto, árbol del cielo, zumaque falso, gandul de carretera. En inglés: *tree of heaven.*

Datos generales

Clase: *Magnoliopsida* Cronq. Takht. & Zimmerm.
Orden: *Sapindales* Bentham & Hooker.
Familia: *Simaroubaceaceae* DC.
Especie: *Ailanthus altissima* (Mill.) Swingle, Jour.
Washington Acad. Sci. 6: 490 (1916).
Tipo biológico: macrofanerófito caducifolio.

Identificación

Es un árbol caducifolio dioico (flores masculinas y femeninas en individuos separados) de hasta 25 m de altura. Hojas compuestas, imparipinnadas, con 7-9 pares de folíolos ovados o lanceolados, algo lobulados en su base. Flores unisexuales, verdes, dispuestas en panículas de hasta 30 cm de longitud de fuerte olor. Fruto en sámara alargada y las semillas en posición central, de color amarillento o pardo-rojizo.

Procedencia y forma de introducción

Especie originaria de China. Fue introducida en Europa, concretamente en Inglaterra, en el año 1751 y citada como naturalizada en la edición del año 1818 de la Agricultura General de Alonso de Herrera. Se ha utilizado como planta ornamental en paseos y bordes de infraestructuras lineales.

Hábitat

Especie ampliamente naturalizada en la Península Ibérica en zonas degradadas y de mucha pendiente como taludes, bordes de infraestructuras, áreas periurbanas, riberas en un mal estado de conservación entre otros hábitats. En el **área de estudio** se localiza sobre todo, en zonas con suelos alterados de la ladera oeste y zona de antiguas explotaciones agrícolas.

Características ecológicas y problemática

Tendencia poblacional expansiva. Se reproduce sexualmente por semilla, cuya dispersión es básicamente anemócora, pudiendo producir un ejemplar adulto hasta 350.000 semillas por año. También se multiplica por vía asexual mediante vigorosos brotes de cepa y raíz, que pueden emitirse incluso hasta 15 m del pie madre. En jardinería es habitual la multiplicación mediante la técnica del estaquillado para producir solo pies femeninos cuyo olor es menos fétido. Polinización entomófila.

Debido a su rápido crecimiento y a sus efectos alelopáticos, desplaza a la vegetación natural preexistente o dificulta su regeneración a medio y largo plazo.

Actuaciones y medidas recomendadas

El ailanto es muy difícil de eliminar una vez que se ha establecido, persistiendo a veces incluso después de la tala, quema o tratamiento con herbicidas. En la eliminación mecánica o manual es necesario eliminar al individuo de raíz para evitar el rebrote. La mejor medida es la eliminación de individuos jóvenes en sus primeras etapas de crecimiento cuando el suelo está húmedo. En España no se han contemplado agentes de control biológico.

Asclepias curassavica

Nombres comunes: flor de sangre, calentura, viborán, flor de la seda, flor de la bandera española, algodoncillo, corcalito. En inglés: *butterfly-weed.*

Datos generales

Clase: *Magnoliopsida* Cronq. Takht. & Zimmerm.
Orden: *Gentianales* Lindley.
Familia: *Asclepiadaceae* R. Br.
Especie: *Asclepias curassavica* L., Sp. Pl.: 215 (1753).
Tipo biológico: nanofanerófito perennifolio.

Identificación

Arbusto perennifolio de hasta 1 m de altura. Hojas opuestas, lanceoladas. Pétalos rojos con una corona anaranjada. Fruto en folículo con semillas aplanadas de color pardo.

Procedencia y forma de introducción

Especie originaria de América tropical. Introducida como arbusto ornamental. La primera cita de la especie data de 1948 en las localidades malagueñas de Nerja y Maro.

Hábitat

Es una planta termófila. En España aparece en ambientes degradados y antropizados cercanos a poblaciones, como cunetas, orillas de caminos, eriales, matorrales. En el **área de estudio** la encontramos casi exclusivamente asociada el cauce del arroyo de Calamocarro.

Características ecológicas y problemática

Dentro de Europa, solo se conoce naturalizada en España, donde muestra un incipiente carácter invasor. No ocasiona grandes problemas ecológicos pero sus poblaciones son estables ya que persisten en las localidades primeramente encontradas.

Su polinización es entomófila, sobre todo por lepidópteros que vistan con frecuencia las flores de esta especie.

En el medio natural produce disrupciones en los ecosistemas invadidos, tanto por la competencia directa sobre el resto de la flora como por ser una planta tóxica para el ganado y para el hombre, con efecto emético-purgante.

Actuaciones y medidas recomendadas

Se reproduce exclusivamente por semilla, pero tiene cierta capacidad para rebrotar de cepa tras la eliminación de la parte aérea. Por ello, la retirada manual o mecánica solo es efectiva si se extraen las plantas con la raíz. Entre sus posibles bioagentes utilizables para la lucha biológica se encuentran: (1) el virus del mosaico del pepino, que produce un moteado característico en las hojas, (2) pulgones y (3) las larvas de la mariposa monarca (*Danaus plexippus*, Lepidoptera) que se alimentan de sus hojas.

Arundo donax

Nombres comunes: caña, caña común, cañavera, bardiza, caña silvestre, cañizo, licera, carda. En inglés: giant reed.

Datos generales

Clase: *Liliopsida* Cronq. Takht. & Zimmerm.
Orden: *Cyperales* G.T. Burnett.
Familia: *Gramineae* Juss.
Especie: *Arundo donax* L., Sp. Pl.: 81 (1753).
Tipo biológico: geófito rizomatoso.

Identificación

Planta graminoide perenne, muy robusta, provista de rizomas leñosos. Tallos huecos, erectos, de hasta 4 m de altura. Hojas con el limbo de 5-6 cm de anchura, cordado en la base, de hasta 60 cm de longitud. Inflorescencia en panícula grande, de 30-60 cm de longitud, plumosa, muy ramificada.

Procedencia y forma de introducción

Especie originaria de Asia. Introducida en Europa occidental en el siglo XVI. Cultivada para diversos objetivos como la formación estructuras de soporte de otros cultivos o para el control de la erosión.

Hábitat

Se trata de una planta higrófila, que requiere humedad edáfica, por lo que su hábitat son los ambientes riparios y los humedales, tanto naturales como artificiales. Soporta altas temperaturas estivales pero en zonas de inviernos muy fríos no suele prosperar. Indiferente edáfica y tolerante a cierta salinidad. En el **área de estudio** la encontramos asociada al arroyo de Calamocarro.

Problemática y características ecológicas

Tendencia demográfica expansiva debido a la destrucción de la vegetación de ribera y a la degradación de los humedales. Según la UICN se trata de una de las plantas alóctonas invasoras más peligrosas y nocivas a escala mundial. Entre sus impactos sobre el medio natural, destaca el desplazamiento de la vegetación riparia nativa, que puede llegar incluso a ser sustituida prácticamente en su totalidad. Disminuye la capacidad de desagüe de ríos y canales al taponar y reducir los cauces con sus sedimentos. Aumenta el factor de riesgo de incendio por la gran biomasa que produce. Debido a su intensa transpiración, reduce los recursos hídricos. Su dispersión es anemócora. Se reproduce por semilla en su distribución original pero en las zonas donde es alóctona se reproduce asexualmente mediante sus robustos rizomas. Las plantas ya establecidas pueden expandir sus rizomas a razón de medio metro cada año.

Actuaciones y medidas recomendadas

Es una planta difícil de erradicar. Se recomienda la eliminación manual de las plantas, tomando las medidas de seguridad necesarias para los operarios. Para la retirada de ejemplares adultos es conveniente la utilización de sierras mecánicas. Una vez eliminada la parte aérea debe arrancarse la raíz para evitar el rebrote. El control de la especie puede durar de 1 a 5 años. Debido la antigüedad de la especie en el ecosistema y la destrucción de la vegetación natural, cualquier actuación debería someterse a un control experimental previo, con respecto a las consecuencias ecológicas de la misma. En casos de invasiones de poca extensión superficial, pueden retirase los rizomas por métodos físicos, previa tala o corte de la parte aérea.

Eucalyptus camaldulensis

Nombres comunes: eucalipto, eucalipto rojo, eucalipto colorado. En inglés: *river red gum.*

Datos generales

Clase: *Magnoliopsida* Cronq. Takht. & Zimmerm.
Orden: *Myrtales* Lindley.
Familia: *Myrtaceae* Juss.
Especie: *Eucalyptus camaldulensis* Dehnh., Cat. Pl. Hort. Camald. ed. 2: 20 (1832).
Tipo biológico: macrofanerófito perennifolio.

Identificación

Árbol de hasta 50 m, tronco con corteza lisa y caediza en placas irregulares, renovándose cada año. Hojas de los brotes bajos y adventicios rojizas, alternas. Hojas normales alternas, péndulas de hasta 2,5 x 30 cm. Inflorescencias en umbelas axilares, con 4-15 flores. Cáliz y corola sustituidos por un opérculo cónico. Estambres numerosos, blanquecinos. Fruto en cápsula globosa, truncada, de hasta 8 x 6 mm, con 3-6 valvas y algo curvas. Semillas fértiles pequeñas, de menos de 1 mm, poliédricas, angulosas, de color marrón claro.

Procedencia y forma de introducción

Especie originaria de Australia. En España, su introducción tuvo lugar a mediados del siglo XIX para la obtención de pasta de celulosa.

Hábitat

Es una planta que aguanta bien las sequías prolongadas conformándose con 300 mm de precipitación media anual. Prefiere los suelos profundos, sobre todo aluviales, neutros o ácidos. Poco exigente en fertilidad, tolera incluso en los substratos silíceos poco desarrollados y pobres. Resiste el encharcamiento temporal. En el **área de estudio** la encontramos en dos áreas de plantaciones localizadas en la ladera este y oeste. La especie *Eucalyptus globulus* también ha sido citada para el LIC-ZEPA Calamocarro-Benzú.

Características ecológicas y problemática

Tendencia demográfica estable. Con relativa frecuencia se asilvestra en ambientes diversos, tanto ambientes artificiales (cunetas) como naturales (Delta del Ebro).

Produce efectos muy negativos sobre el paisaje y sobre la biodiversidad. Los primeros se deben a su gran tamaño y a la extensión de sus masas, desfigurando el paisaje mediterráneo genuino. En lo que respecta a la biodiversidad, los efectos alelopáticos producidos por la hojarasca impiden el desarrollo del resto de la flora, llegando a esterilizar casi completamente el suelo que permanece en esta situación incluso mucho tiempo después de haber desaparecido los eucaliptos.

Polinización entomófila. Se reproduce por semilla y por brotes de cepa.

Actuaciones y medidas recomendadas

Los métodos mecánicos de control tienen limitada eficacia por la capacidad de rebrote, de manera que sólo son efectivos si se descuajan o desarraigan las plantas con toda su cepa, lo que exige en los casos de ejemplares grandes el empleo de maquinaria pesada, no recomendable en este contexto. En el área de estudio se recomienda la eliminación con maquinaria ligera de ejemplares jóvenes y el reemplazamiento paulatino con especies autóctonas de las plantaciones de eucaliptos, ya que al encontrarse en zonas de mucha pendiente su eliminación puede aumentar el riesgo de erosión.

Gomphocarpus fruticosus

Nombres comunes: árbol de la seda.
En inglés: *milkweed.*

Datos generales

    Clase: *Magnoliopsida* Cronq. Takht. & Zimmerm.
    Orden: *Gentianales* Lindley.
    Familia: *Asclepiadaceae* R. Br.
    Especie: *Gomphocarpus fruticosus* (L.) Ait. F. Hort. Kew. ed 2, 2: 80 (1810).
    Tipo biológico: nanofanerófito perennifolio.

Identificación

Arbusto erecto, perennifolio, con tallos de 1-2 m de altura y ramas jóvenes poco lignificadas. Hojas opuestas, linear-lanceoladas, de 2-12 x 0,3-1,6 cm, cortamente pecioladas. Inflorescencias cimosas y umbeliformes, con numerosas flores. Corola blanquecina, de 1 cm de diámetro, formada por cinco lóbulos ovado-oblongos, y por una corona interna. Frutos en folículos solitarios, de 4-6 x 2-3 cm, inflados, apiculados, cubiertos de apéndices setáceos blandos. Semillas de 4-5 x 1,5-2 mm, provistas de un vilano sedoso de 3-4 cm.

Procedencia y forma de introducción

Se trata de una especie originaria del sur de África (reino Capense). Fue introducida en el continente europeo y en otras áreas del mundo, probablemente de manera intencionada como planta ornamental. La primera cita en España data de 1762 en las orillas del río Llobregat.

Hábitat

Se trata de una planta muy termófila, que requiere climas libres de heladas. Por este motivo, en nuestras latitudes tiene una distribución netamente litoral. Prefiere los suelos profundos, con algo de humedad edáfica, y los terrenos abiertos, soleados y a ser posible escasos de vegetación. Aparece tanto en ambientes perturbados y antropizados como en zonas naturales asociadas a cursos de agua. En el **área de estudio** la encontramos en todas las zonas ecológicas muestreadas sobre todo en localizaciones soleadas y degradadas.

Características ecológicas y problemática

Esta especie causa problemas al ser capaz de invadir espacios de alto valor natural bien conservados como es el caso del Parque Nacional de Doñana. Por otro lado, se trata de una especie tóxica, por lo que su presencia supone una alteración en la red trófica a pequeña escala.

Actuaciones y medidas recomendadas

Ya que se trata de una especie que solamente se reproduce por vía sexual mediante semillas dispersadas por el viento, los métodos más recomendables para su control son de tipo mecánico, consistentes en la retirada de los individuos jóvenes y adultos antes de que se produzca la fructificación (durante el estío), repitiendo el proceso durante varios años hasta asegurar que el banco de semillas del suelo se encuentra agotado.

Mirabilis jalapa

Nombres comunes: dondiego de noche, maravilla del Perú, arrebolera, buenas noches, bella de noche, don pedro, dondiego, donjuán de noche, flor de Panamá, hierba triste, jalapa, maravilla de noche, periquitos, trompetilla. En inglés: *our-o-clock or marvel of Peru.*

Datos generales

Clase: *Magnoliopsida* Cronq. Takht. & Zimmerm.
Orden: *Caryophyllales* Bentham & Hooker.
Familia: *Nyctaginaceae* Juss.
Especie: *Mirabilis jalapa* L., Sp. Pl.: 177 (1753)
Tipo biológico: hemicriptófito escaposo/geófito.

Identificación

Planta herbácea, perenne, con la raíz tuberosa, de hasta 1 m de altura, glabra o ligeramente pubescente. Hojas ovadas, de 5-10 cm de longitud, acuminadas en el ápice y truncadas o subcordadas en la base. Inflorescencias en cimas terminales. Flores de apertura nocturna de color variable (rojo, rosa, blanco, amarillo, variegado, etc.). Fruto en aquenio.

Procedencia y forma de introducción

Se trata de una especie nativa de América tropical, aunque algunos autores restringen su área original a Perú. Introducida primeramente en España en el siglo XVII como planta medicinal y ornamental.

Hábitat

Se trata de una especie termófila, que habita en zonas perturbadas, tales como escombreras, bordes de jardines, herbazales hipernitrófilos, ruinas, orillas de caminos, sobre todo en zonas costeras e insulares. En el **área de estudio** la encontramos puntualmente en la zona de la desembocadura del arroyo de Calamocarro.

Características ecológicas y problemática

Tendencia demográfica ligeramente expansiva, aparentemente debido al aumento de zonas ajardinadas y urbanizadas. Produce grandes cantidades de semillas con alto poder germinativo. También se reproduce por vía vegetativa mediante la emisión de brotes de raíz. Polinización entomófila mediante mariposas. Con propiedades antifúngicas y antivíricas muy notables. Su presencia genera una interferencia sobre el ecosistema nativo, tanto si es natural como antrópico.

Actuaciones y medidas recomendadas

Como medida preventiva, esta especie debe sustituirse en jardinería por otras autóctonas o alóctonas sin capacidad para naturalizarse. En casos puntuales de infestación, puede intentarse la retirada manual, siempre y cuando nos aseguremos de haber extraído del suelo todos los órganos subterráneos. Debido a la alta producción de diásporas, cabe suponer la existencia de bancos de semillas en el suelo que pueden regenerar la invasión. Por tanto, si se opta por métodos manuales, las operaciones deben repetirse durante varios años.

Nicotiana glauca

Nombres comunes: tabaco moruno, aciculito, calenturero, gandul, bobo, venenero. En inglés: *tree tobacco.*

Datos generales

Clase: *Magnoliopsida* Cronq. Takht. & Zimmerm.
Orden: *Solanales* Lindley.
Familia: *Solanaceae* Juss.
Especie: *Nicotiana glauca* R.C. Graham, Edinb. New. Philos. Jour. 5: 175 (1828).
Tipo biológico: macrofanerófito perennifolio.

Identificación

Arbusto o arbolillo perennifolio, completamente glabro, de hasta 7 m de altura, con la corteza del tronco de color pardo-grisácea. Ramas con la corteza de color verde, bastante quebradizas. Hojas de ovadas a lanceoladas, de 5-25 cm de longitud, de una capa de pruína de color blancoazulado. Inflorescencias en panículas terminales. Flores de 3-4,5 cm de longitud, con el cáliz tubular. Corola en tubo estrecho y largo, de color amarillo. Fruto en cápsula ovoide o elipsoidal, envuelta por el cáliz persistente. Semillas muy numerosas y diminutas, de color negro.

Procedencia y forma de introducción

Se trata de una especie originaria de Argentina, Paraguay y Bolivia, introducida en muchas regiones cálidas del mundo como planta ornamental. Las primeras citas en España datan de mediados del siglo XIX.

Hábitat

Hoy en día se encuentra ampliamente naturalizada en las provincias costeras mediterráneas y suratlánticas. Suele aparecer en ambientes viarios, muros viejos, ruinas, escombreras, zonas rocosas, ramblas, etc. Habita en ambientes más o menos áridos y generalmente cerca del mar. Es muy resistente a la sequía y a las altas temperaturas. Planta termófila, indiferente edáfica, no tolera la salinidad edáfica pero si la ambiental, no aguanta los encharcamientos. En el **área de estudio** aparece sobre todo en la zona ecológica del eucaliptal.

Características ecológicas y problemática

Tendencia demográfica expansiva, con posibilidades de ampliación de su área de distribución geográfica hacia zonas cálidas del interior. Se reproduce principalmente por semilla, de dispersión anemócora a corta distancia e hidrócora a larga distancia gracias a la buena flotabilidad de las cápsulas. Cada cápsula, en ejemplares vigorosos, puede contener entre 10.000 y 1.000.000 semillas. También rebrota fácilmente de raíz. Las plántulas crecen muy rápidamente, debido a la alta efectividad fotosintética de sus hojas.

Su aparición supone una elevada competencia para la vegetación natural sobre los recursos hídricos. Todas las partes de la planta son tóxicas, excepto las semillas maduras.

Actuaciones y medidas recomendadas

Debido a su capacidad para rebrotar de raíz, los métodos manuales o mecánicos manuales de control se encuentran limitados.

Opuntia ficus-indica

Nombres comunes: chumbera, higuera chumba, tuna, nopal. En inglés: *prickly pear.*

Datos generales

Clase: *Magnoliopsida* Cronq. Takht. & Zimmerm.
Orden: *Caryophyllales* Bentham & Hooker.
Familia: *Cactaceae* Juss.
Especie: *Opuntia ficus-indica (L.)* Miller, Gard. Dict. ed. 8, nº 2 (1768).
Tipo biológico: fanerófito suculento.

Identificación

Arbusto, con un tronco bien desarrollado de hasta 35 cm de diámetro, de 6 m de altura, con los tallos transformados en cladodios, conocidos vulgarmente como palas, carnosos, suculentos, de estrechamente obovados a oblongos, aplanados, verdes, de 20-60 x 10-25 cm. Hojas pequeñas, de unos 3 mm de longitud, verdes o púrpuras. Espinas a menudo ausentes en las razas cultivadas Flores de color amarillo o rojizo, de 5-10 cm de diámetro. Frutos de ovoides a oblongos, verdes, naranjas o rojos, provistos a veces de espinas, de 6-10 cm de longitud, con la pulpa de color anaranjado. Semillas subovoideas, abundantes.

Procedencia y forma de introducción

América tropical, desde Méjico hasta Colombia. Introducida de manera intencionada para su cultivo agrícola y la formación de setos desde principios del siglo XVI.

Hábitat

Ampliamente naturalizada en las provincias mediterráneas peninsulares. Habita en taludes, laderas soleadas, bordes de caminos, cultivos abandonados, matorrales degradados, etc. Resiste muy bien la sequía y los fuertes vientos marítimos. No tolera los suelos hidromorfos o mal drenados. No tiene capacidad de rebrotar después de un incendio. En el **área de estudio** se localiza exclusivamente en un talud próximo a edificaciones en la desembocadura del arroyo de Calamocarro.

Características ecológicas y problemática

Tendencia demográfica expansiva. Se reproduce activamente tanto por semilla como asexualmente, debido a la capacidad de enraizar de las palas desprendidas. Polinización entomófila. Las semillas, con capacidad de germinar durante largos periodos de tiempo. Las plántulas suelen desarrollarse rápidamente durante los meses de verano, mostrando tasas de viabilidad altas, lo que asegura la persistencia de la especie en las zonas invadidas. Los animales contribuyen de manera eficaz a la dispersión de las semillas, que es endozoócora.

En zonas áridas y cálidas compite ventajosamente con la vegetación autóctona, desplazándola o impidiendo su regeneración.

Actuaciones y medidas recomendadas

Los métodos físicos de control sólo son eficaces en casos de invasiones leves y localizadas. Todas las operaciones deben realizarse con cuidado, debiendo ir el personal provisto de guantes para protegerse de las espinas. El fuego es un buen sistema de control, pero está absolutamente desaconsejado en climas mediterráneos.

Oxalis pes-caprae

Nombres comunes: agrio, agrios, vinagrera, vinagreras, canario, mataca-ñas, matapán, trebo, trébol, vinagrillo, vinagreta. En inglés: *sourgrass.*

Datos generales

Clase: *Magnoliopsida* Cronq. Takht. & Zimmerm.
Orden: *Geraniales* Lindley.
Familia: *Oxalidaceae R. Br.*
Especie: *Oxalis pes-caprae* L., Sp. Pl.: 434 (1753)
Tipo biológico: geófito bulboso.

Identificación

Herbácea perenne, cespitosa, con un bulbo, en general menor de 2,5 cm, profundamente enterrado del que emerge un tallo subterráneo anual, ascendente, portador bulbillos y que acaba en una roseta de hojas situada al nivel del suelo. Limbos trifoliados. Flores en cimas umbeliformes sobre un pedúnculo de 10-30 cm. Corola amarilla, con 5 pétalos de 2-3 cm, a veces doble. Fruto en cápsula.

Procedencia y forma de introducción

Especie originaria de la región del Cabo, en Sudáfrica. Introducida en la cuenca mediterránea y en muchas otras regiones templadas y subtropicales del mundo de manera involuntaria, mediante productos relacionados con la agricultura. La primera cita en España data de 1850.

Hábitat

En España abunda en todas las comarcas costeras, sobre todo mediterráneas observándose una penetración hacia el interior de la Península y en ambos archipiélagos. En el área de estudio se ha observado en abundancia.

Características ecológicas y problemática

Tendencia demográfica fuertemente expansiva. En Europa y América del Norte no fructifica, propagándose exclusivamente de forma vegetativa a través de los bulbillos. De dispersión principalmente antropócora, por medio del transporte de substratos contaminados o por medio de otros vectores: ornitocoria, hidrocoria, anemocoria, etc.

Produce daños económicos y ambientales. Los primeros, se deben a su condición de mala hierba agrícola. Los segundo, a que forma cubiertas densas que acaparan la luz y el espacio, desplazando a la flora nativa por exclusión competitiva, además de inhibir la germinación de sus semillas. Tóxica para el ganado.

Actuaciones y medidas recomendadas

Como medida preventiva, es conveniente analizar detenidamente los substratos utilizados en agricultura intensiva y en jardinería si estos proceden de zonas infestadas. Su control solo resulta viable para pequeñas poblaciones en fase de asentamiento incipiente. Las poblaciones numerosas son muy difíciles de erradicar y requieren muchos años de control continuo. Las infestaciones de pequeña magnitud pueden controlarse por eliminación manual, repetida y sostenida durante varios años, de la planta entera justo antes de la floración, cuando el bulbo maduro ya está agostado y antes de que se formen los nuevos bulbillos del año. Esta acción se debe combinar con el cribado del suelo.

Plumbago auriculata

Nombres comunes: plumbago Azul, plumbago del Cabo, jazmín del cielo. En inglés: *blue plumbago, Cape plumbago or Cape leadwort.*

Autor de la fotografía: Johann
Wikipedia Commons

Datos generales

Clase: *Magnoliopsida* Cronq. Takht. & Zimmerm.
Orden: *Caryophyllales* Bentham & Hooker.
Familia: *Plumbaginacea* Juss.
Especie: *Plumbago auriculata* Lam.
Tipo biológico: nanofanerófito perennifolio.

Identificación

Arbusto trepador perennifolio, de 0,5 a 6 m de altura. Hojas alternas, simples, pecioladas; lámina de 5-7 x 2-3 cm, elíptico-lanceoladas, enteras, con el envés recubierto de escamas blanquecinas. Inflorescencia en racimo terminal de unos 15 cm de diámetro, espiciforme y más o menos densa. Flores hermafroditas, actinomorfas; cáliz tubular, con pelos glandulíferos; corola formada por 5 pétalos soldados en la base formando un tubo; 5 estambres libres o soldados al tubo corolino. Fruto de tipo utrículo o cápsula. (www.rjb.csic.es/floraiberica/floraiberica)

Procedencia y forma de introducción

Es una planta originaria de sur África. Es utilizada en jardinería en zonas cálidas.

Hábitat

Cunetas y lugares ruderalizados. Subespontánea en el Sur de España y muy probablemente también en Portugal. En el **área de estudio** se ha detectado un solo individuo próximo a edificaciones en la zona de la desembocadura.

Características ecológicas y problemática

Tendencia demográfica desconocida para España.

Actuaciones y medidas recomendadas

Recomendamos la eliminación de la especie por su potencial invasor, en California se ha declarado especie invasora (www.cabi.org).

Ricinus communis

Nombres comunes: ricino, higuera del infierno, higuera infernal, catapucia mayor, higuerillo, árbol del demonio. En inglés: *castor bean or castor oil plant.*

Datos generales

    Clase: *Magnoliopsida* Cronq. Takht. & Zimmerm.
    Orden: *Euphorbiales* Lindley.
    Familia: *Euphorbiaceae* Juss.
    Especie: *Ricinus communis L.,* Sp. Pl.: 1007 (1753)
    Tipo biológico: macrofanerófito perennifolio/terófito erecto.

Identificación

Arbusto o pequeño arbolillo de 3-7 m. Hojas de 10-50 cm de diámetro, palmeadas, hendidas en 5-9 lóbulos desiguales de bordes irregularmente dentados; pecíolos rojizos, de 10-20 cm y provistos de glándulas apicales de unos 2 mm. Inflorescencias en cimas bracteadas. Flores unisexuales. Fruto en cápsula globosa, trilobulada, cubierta de abundantes púas, con tres cavidades. Semilla elipsoidales, con la testa lisa, lustrosa y jaspeada, provistas de una excrecencia apical.

Procedencia y forma de introducción

La hipótesis más aceptada establece su área originaria en Etiopía y Somalia. Su introducción ha sido siempre intencionada como planta oleaginosa y medicinal y en los últimos siglos ha cobrado mayor predominio su faceta ornamental. En España existen citas de su presencia desde 1784.

Hábitat

El ricino es una especie muy termófila. Aguanta bien la sequía. Indiferente edáfico con tal que tenga buen drenaje. Es muy nitrófila, propia de ambientes periurbanos y ruderales, con preferencia por lugares donde se acumulan vertidos de escombros y desperdicios.

El ricino está ampliamente naturalizado en litorales mediterráneos, penetrando hacia enclaves cálidos del interior. También es muy común en Baleares y Canarias. En el **área de estudio** lo encontramos en las riberas y laderas degradadas próximas a la desembocadura del arroyo de Calamocarro.

Características ecológicas y problemática

Tendencia demográfica expansiva debido a la destrucción de los hábitats y la ruderalización del medio en la costa mediterránea. Su rápido crecimiento puede eliminar las plántulas de las especies nativas por sombreado, a la vez que rápidamente aparecen nuevas poblaciones en lugares próximos. Planta tóxica para el ganado y la fauna silvestre con acción coagulante sobre la sangre.

Actuaciones y medidas recomendadas

En diversos países donde se producen invasiones de esta especie, el uso controlado del fuego ha sido muy eficaz para su eliminación. No obstante, dadas las condiciones climáticas mediterráneas de nuestro país, está medida está totalmente contraindicada debido al peligro de incendio asociado. La retirada manual de las plantas está indicada en los casos de invasiones localizadas; los operarios que realicen las labores deben ir protegidos con guantes, mascarillas y prendas adecuadas. Cuando se trate de invasiones graves, que afecten a superficies amplias, puede emplearse maquinaria, siempre y cuando resulte ecológica y económicamente aceptable.

Solanum linnaeanum

Nombres comunes: manzanillas del diablo, tomatera del diablo. En inglés: *devil's apple, apple of Sodom.*

Datos generales

Clase: *Magnoliopsida* Cronq. Takht. & Zimmerm.
Orden: *Solanales* Lindley.
Familia: *Solanaceae J* Juss.
Especie: *Solanum linnaeanum* Heeper & P.-M.L.Jaeger, Kew Bull. 41: 435. 1986.
Tipo biológico: nanofanerófito perennifolio.

Identificación

Arbusto espinoso, con tallos entre 50 y 200 cm. Hojas ovadas con lóbilos pronunciados. Flores hermafroditas, pediceladas, frecuentemente solitarias; 5 sépalos unidos cerca de la base; corola de 20 a 30 mm de diámetro, violeta, con los 5 pétalos soldados; 5 estambres con anteras amarillas; un pistilo. Fruto tipo baya sin escleromas de 3 a 5 cm- amarillo en la madurez.

Procedencia y forma de introducción

Se trata de una especie originaria del sur de África.

Hábitat

De ambientes ruderales cunetas, eriales, zonas periurbanas y playas de zonas costeras y cálidas. Se encuentra ampliamente naturalizada en la península Ibérica en las zonas litorales mediterráneas y suratlántica. En el **área de estudio** la encontramos sobre todo en la ladera oeste con un mayor grado de degradación de la vegetación natural.

Características ecológicas y problemática

Se reproduce por semillas y por rizomas. Planta entomófila. Contiene sustancias tóxicas. Para esta especie no se cuenta con ficha en el Atlas de las plantas alóctonas invasoras de España, ya que aun siendo una especie exótica no debe ser abundante o no causa daños significativos en los ecosistemas de referencia para este trabajo. No obstante, es considerada una planta invasora en Australia y Nueva Zelanda. Dada la abundancia media detectada en el área de estudio de Ceuta hemos decidido incluirla en el catálogo, y se recomienda un seguimiento de la especie a medio plazo.

Actuaciones y medidas recomendadas

Como medida general para especies de su mismo género es aconsejable la extracción dc las plantas por métodos manuales, empleando palas y azadas con protección adecuada para los operarios, antes de que maduren los frutos, tratando que las plantas salgan del suelo con todos sus órganos subterráneos.

Tropaeolum majus

Nombres comunes: capuchina, espuela de galán, flor de la sangre, llagas de Cristo, mastuerzo de Indias. En inglés: *garden nasturtium, Indian cress, or monks cress.*

Datos generales

> **Clase:** *Magnoliopsida* Cronq. Takht. & Zimmerm.
> **Orden:** *Gentianales* Lindley.
> **Familia:** *Tropaeolaceae* DC.
> **Especie:** *Tropaeolum majus* L., Sp. Pl.: 345 (1753).
> **Tipo biológico:** geófito tuberoso/liana.

Identificación

Planta herbácea, glabra, reptante o trepadora, de hasta 4 m, provista de raíces tuberosas. Hojas pecioladas, con el limbo orbicular de 4-15 cm de diámetro. Flores solitarias, axilares, zigomorfas. Corola con 5 pétalos de 1,5-3 cm, de color anaranjado, amarillo o rojizo. Androceo con 8 estambres desiguales. Fruto en esquizocarpo.

Procedencia y forma de introducción

Se trata de una especie originaria de América del Sur desde Perú hasta Colombia. Introducida en España como planta ornamental en el siglo XVII.

Hábitat

Especie termófila. Se escapa de zonas ajardinadas, apareciendo subespontánea o naturalizada en las cercanías de las poblaciones, cunetas, ruinas, taludes y zonas de matorral. En el **área de estudio** la encontramos localizada en las riberas de la desembocadura del arroyo de Calamocarro.

Características ecológicas y problemática

Tendencia demográfica posiblemente expansiva hacia zonas del interior por el aumento de las temperaturas. Se reproduce por semilla y también vegetativamente, al rebrotar cada año de las raíces tuberosas. Compite con especies autóctonas siendo una considerable amenaza para la biodiversidad.

Actuaciones y medidas recomendadas

En primer lugar como medida preventiva, debe desaparecer su cultivo ornamental, sustituyéndola por especies autóctonas o alóctonas no invasoras. En los casos de invasiones, la especie puede controlarse mediante la retirada manual de las plantas, a ser posible antes de la fructificación para evitar la diseminación de las semillas. Los operarios deben ir equipados con herramientas de cavar para retirar del terreno los órganos subterráneos.

Referencias

Castroviejo, S. (1986-2012). *Flora ibérica* 1-8, 10-15, 17-18, 21. Real Jardín Botánico. CSIC, Madrid.

Catálogo Español de Especies Exóticas Invasoras. Real Decreto 630/2013.

DAISIE European Invasive Alien Species Gateway (2008). http://www. europealiens. org/[Accesso 11 January 2019].

Formulario de Datos NATURA 2000 Código del lugar: ES6310001 (http://www. biodiversia.es/sites/default/files/recursos/12/urlpdf/ES6310001%20-%20 CALAMOCARRO-BENZU.pdf)

Global Invasive Species Database (2019). http://www.iucngisd.org/gisd/search. php on 11-01-2019.

Invasive Species Compendium. CABI. https://www.cabi.org/isc/datasheet

Mola, I., Sopeña, A., & De Torre, R. (2018). *Guía práctica de restauración ecológica.* Fundación Biodiversidad del Ministerio para la Transición Ecológica. Madrid.

Plan de Gestión del LIC-ZEPA Calamocarro-Benzú (ES6310001), document preliminar. 2018. http://www.rednatura2000ceuta.es

Elorza, M. S., Sánchez, E. D. D., Vesperinas, E. S., & Nacionales, O. A. P. (Eds.). (2004). *Atlas de las plantas alóctonas invasoras en España*. Organismo Autónomo Parques Nacionales.

Clewell, A., Aronson, J., & Winterhalder, K. (2004). Society for ecological restoration international science & policy working group. *The SER international primer on ecological restoration*.

Weber, E., (2003). *Invasive plant species of the world: A reference guide to environmental weeds.* Wallingford, UK: CAB International, 548 pp.

FT-2